日本人の遺伝子

ヒトゲノム計画からエピジェネティクスまで

一石英一郎

角川新書

はじめに　その答えはすべて「遺伝子」がカギを握っている

人はなぜ病気になるのか。
人はなぜ太るのか。
人はなぜ恋をするのか。

もし質問されたら、あなたはなんと答えますか？
一見何気ないこれらの問いの答えは、すべて「遺伝子」にあります。
持っている遺伝子によって、なりやすい病気となりにくい病気があります。
持っている遺伝子によって、太りやすい体質と太りにくい体質があります。

持っている遺伝子によって、恋する相手は違ってきます。

2003年に「ヒトゲノム・プロジェクト」が完了し、ついに30億文字といわれるヒトの全ゲノムが解読されました。これはどういうことかというと、「人間の設計図」がついに見つかったということです。今は、「これをどう読み解くか?」というフェーズに入り、日々研究が続けられています。その中で、日本人の起源にまつわるものから、人間の気質をあらわすものまで、さまざまな遺伝子が発見されつつあります。

こういったことを踏まえながら、本書では、日本人にまつわる遺伝子を中心にご紹介していきます。

日本人の起源は? 日本人がかかりやすい病気は? 日本人の気質は? 日本人に特有の遺伝子は? など、遺伝子と日本人を絡めながらお話ししたいと思います。

また、最近話題の「エピジェネティクス」についても取り上げています。

遺伝子は生まれついた「運命」ではなく、生まれたあとの「環境」によっても大きく変化するのです。エピジェネティクスの身近な例や、遺伝子に「いい変化」を与えるにはどうすればいいか、逆にエピジェネティクスに悪影響を与えるものはなにか? などをお話しいたします。

私が学会などで発表したり、見聞きしたりした最新の遺伝子事情を交えながら、可能な限りわかりやすくお話ししたいと思います。現時点での医療の世界、遺伝子の世界における新しいトピックスもふんだんに盛り込みました。

いずれも専門用語に偏ることなく、できるだけ平易な言葉で書いたつもりです。最初のページから順に読んでいただいても、興味のあるところから読みはじめても理解できる構成となっています。

古くて新しい遺伝子の世界を、どうぞお楽しみください。

目次

第1章　日本人はどこから来たのか？

●ミトコンドリア遺伝子でわかった日本人の起源

「日本人はどこから来たのか？」

これは昔からよく聞かれる話です。

「かつては地続きだった中国大陸から渡ってきた」「朝鮮半島にルーツがある」など、これまでにもさまざまな議論が繰り広げられてきました。その大半が日本から比較的距離の近い、中国や韓国に端を発するだろう、というものでした。

近年、遺伝子の観点からも日本人の起源に関する説が次々と唱えられています。そこからわかってきたことは、これまでの考え方を塗り替えるものです。

DNAを調べる方法には、大きく分けて3つのアプローチがあります。

そのひとつは、「ミトコンドリア遺伝子」を調べるというものです。

ミトコンドリアは、細胞に数多く含まれ、エネルギーをつくる役割をしています。その中でも、女性の卵子の中に含まれているミトコンドリアは、細胞の「核」が持つ遺伝子とは別に、独自の「ミトコンドリア遺伝子」を持っています。

この「ミトコンドリア遺伝子」は、代々おばあさんからお母さん、そして娘へと「女系」のみに受け継がれていくものです。

男性が持つ精子にもミトコンドリアは存在しますが、卵子と受精するといつのまにか消滅し、女性の持つ卵子のミトコンドリアのみが遺伝することがわかっています。

このように女性が代々受け継ぐミトコンドリア遺伝子のパターンを比較したところ、日本人はアジア各地域に共通配列が認められる報告がかなり多いものの、中国の中央部、長《ちょう》江《こう》流域の人たち、それからセム系のユダヤ人と非常に似ていることがわかりました。同じ中国でも、北部や南部の人のミトコンドリア遺伝子のパターンは異なっています。

セム系というのは、黒い目、黒い髪をしていて、肌の色は浅黒い人たちのことを指します。このユダヤの系統は、古代ユダヤに由来するといわれています。古代オリエントの流れを汲《く》んで、今でも西アジアなどに多く見られるようです。

また、長江流域と日本の関連としては、「稲」が挙げられます。後述しますが、日本に稲「ジャポニカ種」を伝えた人々が長江流域を経由していることも、稲ゲノム研究によって判明しつつあります。

これらの結果をつなぎ合わせて考えてみると、日本人の祖先ははるか西アジアの方角より「日いずる方」に長江経由で東へ東へと進んで渡来したのではないか、ということが推測されます。

このミトコンドリア遺伝子の解析は比較的昔から行われていました。ミトコンドリア細胞の中の「オルガネラ」という構造物を調べるものです。遺伝子の数もさほど多くないため、調べやすいという利点があります。

ただ、ミトコンドリアはエネルギーを生み出す器官なので、その熱で変異が起こりやすいというデメリットもあります。同じミトコンドリアでも、変異しているＤＮＡも多く、正しいものとそうでないものが混在しているため、正しい解析結果を得られにくい、ということが徐々に言われはじめました。そのため、近年では解析結果を疑問視する声も上がっています。

●Ｙ染色体でわかった日本人の起源

ＤＮＡを調べる方法のふたつ目は、「Ｙ染色体」を調べるというものです。

女性の染色体は「ＸＸ」、男性の染色体が「ＸＹ」。つまり、「Ｙ染色体」は男性にしかないものです。先にご紹介したミトコンドリア遺伝子を使った方法が「女系」の遺伝を調べるものであったのに対し、この方法は「男系」の遺伝を調べます。Ｙ染色体の権威でもある、東京大学の徳永勝士《とくながかつし》先生らのグループが中心となって研究が行われてきました。

Ｙ染色体は、おじいさんからお父さん、そして息子へと受け継がれていくので、民族の分化や、支配と服従の歴史を証明するものと考えられています。「集団知的の情報」とも言われ、これを調べることにより、ある集団の行動や特性、歴史がわかるのです。

このＹ染色体には80種類ほどの遺伝子が含まれていますが、そのパターンや配列を詳しく調べたところ、日本人は「Ｄ２」というタイプを持っていることがわかりました。「Ｄ２」というタイプの中にＹＡＰ型（ＹＡＰハプロタイプ）が含まれ、Ｙ染色体の中でも非常に古くからある系統です。ＹＡＰ型（配列）というのは、Ｙ染色体上に見られる非常に特殊な配列で、３００塩基（文字）ほどあります。各人の起源を探る上でとても重要な、いってみれば「ＩＤ番号」のようなものでしょうか。働きはまだよくわかっていませんが、世界中の人種の中でも非常に特殊なパターンの遺伝子セットであることだけはたしかです。この系統を持っているのは世界的にも珍しく、アジアでは圧倒的に日本人に多く存在します。中国人や韓国人にはまず見られません。そして、驚くことに、地中海から中近東、南部イタリアの人たちと共通点が多いのです。専門家は日本人と古代ユダヤ人に共通していると指摘しています。

このYAP型の配列を持っている人物としては、相対性理論で有名なアルバート・アインシュタインや、飛行機の発明で有名なライト兄弟などが挙げられます。最近は個人で自身のDNAを調べられるようになりましたが、日本人では堀江《ほりえ》貴文《たかふみ》さんや須藤元気《すどうげんき》さんなどもこの配列を持っていることがわかっています。

●核DNAでわかった日本人の起源

DNAを調べる方法の3つ目は、「核全体のDNA」を調べるというもので、国立遺伝学研究所（以下、国立遺伝研）の斎藤成也《さいとうなるや》先生が発表し、非常に話題になりました。

近年は、「AI」と言われる人工知能やスーパーコンピューターなどの発達により、膨大なデータを解析できるようになってきました。それを利用したのが、この核全体のDNAを根こそぎ調べる、というものです。

核DNAというのは、言ってみれば「人間の設計図」です。そのパターンを網羅的に解析、比較したところ、日本人は中国人や韓国人と大きく異なっていることがわかったのです。国立遺伝研といえば、日本でもっとも遺伝学の権威の先生方がいらっしゃるところですから、非常に説得力のある説といえるでしょう。

ここで、国立遺伝研をはじめとする施設において、現在お話しできる最新情報をご紹介したいと思います。

次ページの図は、究極の全ゲノム（30億塩基対）の遺伝子パターンを、多変量解析によって分布図にしたものです。この図では、集団分布が離れれば離れるほど遺伝子パターンが異なることを示しています。

この解析は、従来のように「ＳＮＰ（一塩基多型）」の断端（組織の切り口）同士を比較したものではなく、30億塩基対（文字）の「全ゲノム」解析です。これはいったいどのくらい違うのでしょうか？

ヒトのゲノムＤＮＡの塩基配列には、個人によって少しずつ違いがあります。だいたい、３００塩基に１塩基が異なっていて多様性（多型）が生じていると考えられていますが、この違いのことを「ＳＮＰ」といいます。ヒトゲノム全体では約１０００万カ所、遺伝子領域では１００万カ所のＳＮＰがあると考えられています。従来の解析では、この「ＳＮ

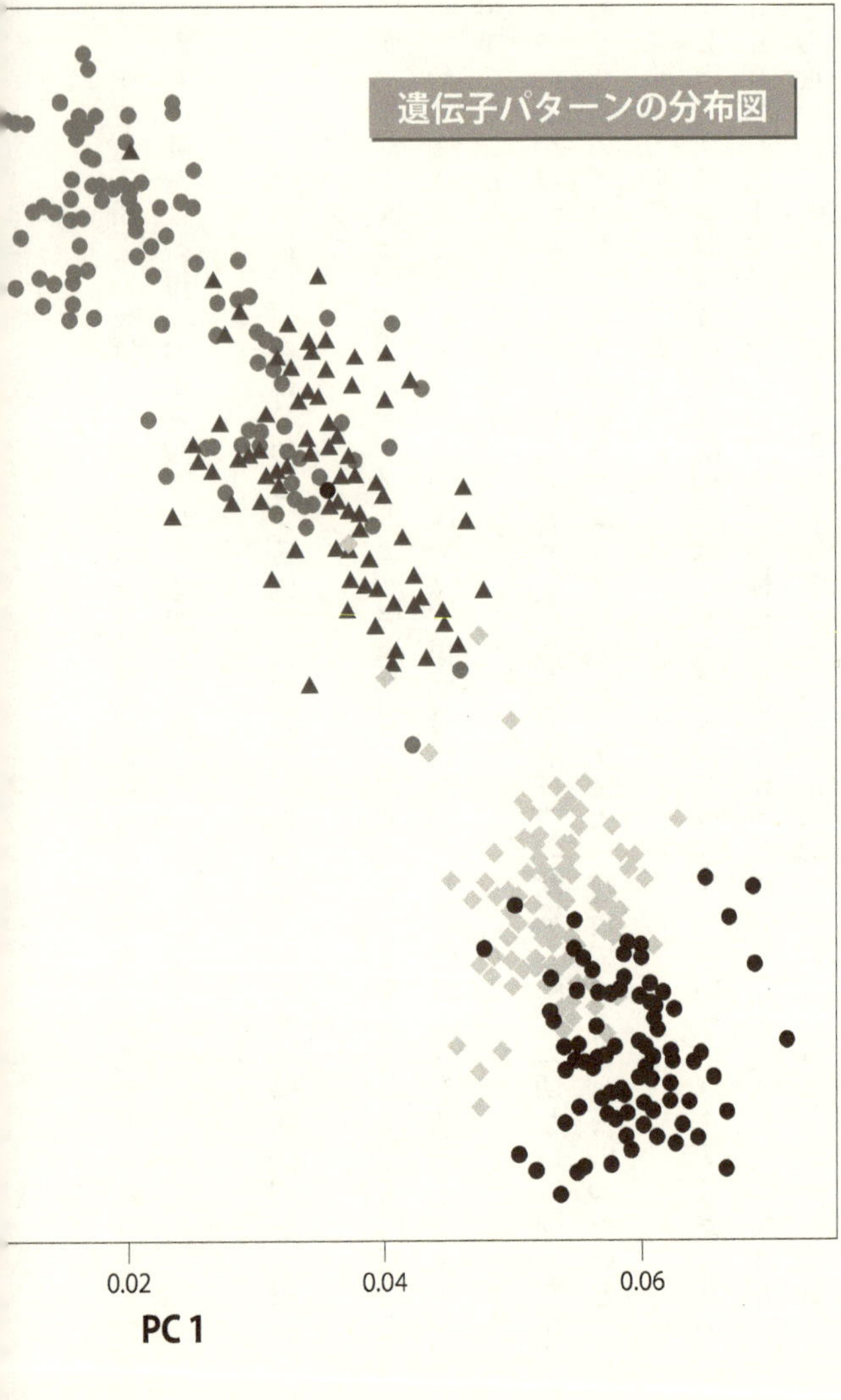
遺伝子パターンの分布図
0.02
0.04
0.06
PC 1

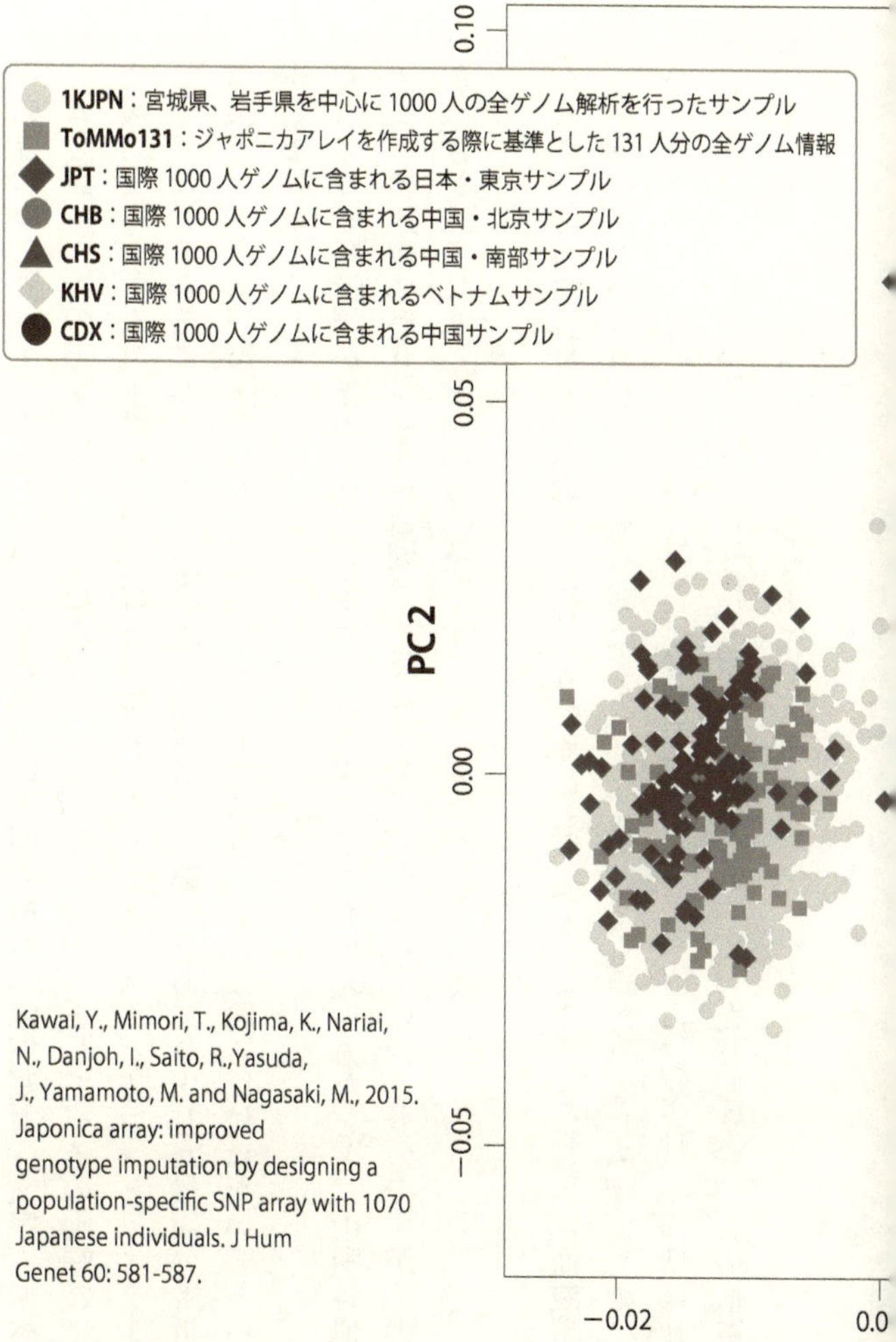

Kawai, Y., Mimori, T., Kojima, K., Nariai, N., Danjoh, I., Saito, R.,Yasuda, J., Yamamoto, M. and Nagasaki, M., 2015. Japonica array: improved genotype imputation by designing a population-specific SNP array with 1070 Japanese individuals. J Hum Genet 60: 581-587.

出典より一部改変

P」の断端のみを調べていましたが、今回の解析は人間の持つ30億塩基対（文字）すべてのゲノムを調べたものです。たとえるならば、1本の棒があったとして、その両端だけを調べた場合と棒全部を丸々調べた場合ほどの違いがあります。スーパーコンピューターによってヒトのゲノムをすみずみまで徹底的に調べあげ、違いをあぶり出した最新の解析による結果で、まさに完璧《かんぺき》を期したものといえるでしょう。これに勝る比較はない、といっても過言ではありません。

現時点での最新情報が先の図になります。日本、なかでも東北地方などと、中国各地、ベトナムとの比較になります。「百聞は一見に如《し》かず」とはよくいったものですが、大きくばらつきが見られることが一目瞭然《りょうぜん》です。

ところで、この核DNA情報で一番わかりやすいものがあります。それは、「血液型遺伝子」を調べるという方法です。血液型は、みなさんの間でもかなりなじみ深いものではないでしょうか？　A型、B型、O型、AB型の4つのパターンにわかれ、「A型は几帳《きちょう》面《めん》」「B型はマイペース」といった性格判断の材料にもなっていたりします。この血液型には、それぞれ核DNAの情報が含まれているのです。

日本人はご存じのとおり、A型の人がもっとも多く、続いてO型、B型、AB型……の順になっています。これに対して、中国人、漢民族はO型がもっとも多く、次にB型です。韓国人にもっとも多いのがA型、次にB型となっています。韓国人は日本人や中国人と比較してAB型が多いのも特徴です。これだけ見ても、核DNAパターンが3つの国で大きく異なっていることがわかります。

ちなみに、アジア圏にはB型の人が多いそうです。インドやタイは特に多く、インド人は、実に約4割がB型だといわれています。中国や韓国もB型の割合は多いのです。

この理由について、かつて学生時代に遺伝学の講義で学んだのが、「はるか昔、アジアで風土病などのウイルスが蔓延《まんえん》したのではないか」という仮説です。そのウイルスのDNAが組み込まれ、突然変異を起こした結果、アジア人にB型が多く出現することになった、というのです。

ここで問題となるのが、B型が多い点が日本人には当てはまらない、ということです。日本人のB型の割合はA型、O型に比べて低いからです。このことから考えられるのは、日本人はこの時点ではアジアにいなかったのではないか、という説です。このような点からも、日本人はほかのアジア人と異なっていることがわかるでしょう。

●DNA、遺伝子、ゲノム、染色体……

ここで一度用語について整理しておきましょう。

DNA、遺伝子、ゲノム、染色体……どれもなんとなく聞いたことがあるけれど、違いがよくわからない、という方が多いのではないでしょうか。

DNAと遺伝子は同義語として使われることが多いのですが、厳密には両者は異なります。「DNA」というのは「デオキシリボ核酸」という「物質」の名前です。

一方、「遺伝子」には、狭い意味で使われる場合と広い意味で使われる場合があります。狭義で使われる「遺伝子」は、DNAの一部で全DNAの約1・5%ともいわれますが、実際に働いている箇所については、用語の混乱を避ける意味で「コーディングDNA」とか、より専門的には「エクソン」と呼んでいます。ちなみに、コーディングDNAの逆が「ジャンクDNA」です。

実際に多くの方が使っている広義での「遺伝子」は、辞書や事典などから抜粋すると次のように書かれています。

・親から子に伝わり、遺伝形質を発現させる本体（生物学用語辞典）
・親からの形質（顔、皮膚や目の色など）の受け継ぎを決めるもの（バイテク用語集）
・両親から子孫へ、細胞から細胞へと伝えられる因子（大辞林）

つまり、「遺《のこ》」り「伝」える大まかな概念的なものの総称としての意味合いが強いといえます。

「ゲノム」は、「遺伝子」（gene）と「染色体」（chromosome）から合成された語で、両者の意味合いをあわせ持っています。先にお話ししたＤＮＡは「物質」の名前ですが、ゲノムはＤＮＡの中に入っている「全遺伝情報」のことをいいます。たんぱく質に限らず、ＤＮＡ内に含まれる生物に必要なすべての遺伝情報、というわけです。「ヒトゲノム」といえば、「人間が生きるために必要な全遺伝情報」つまり「人間の設計図全体」のことです。「バナナゲノム」と言えば、「バナナの設計図全体」を意味します。

「染色体」は、全遺伝情報であるゲノムをコンパクトに収める「箱」のようなものです。人間なら46個、マウスは40個の箱があります。

これらの語をまとめて考えるために、人間を１冊の「ヒト百科事典」にたとえてみます。

この事典は、全文字数が30億文字（ヒトゲノム）、全部で46章（染色体）から成り立っています。その中で、文章ともとれる意味のある箇所が2万3000文章（遺伝子＝コーディングDNA）ある、といえばわかりやすいでしょうか。さらにいうならば、この本の95％は、一見解読できない文字の羅列で、文章になっていないため読み取りできないページ（領域）です。これが、最近まで「ガラクタ」と考えられていた「ジャンクDNA」にあたります。

●生命の起源はRNA

地球上に生命が生まれたのは、今から何年前のことだと思いますか？

宇宙ができたのが、今から150億年前のことです。その後、地球が誕生したのが46億年前。そこからさらに6億年経った、今から40億年前に生物は誕生しました。その最初の形が「RNA」（デオキシレオ核酸）という物質だといわれています。RNAに端を発して現在の生物へと進化していった、というのが、1986年にアメリカの科学者ウォルター・ギルバートが名づけた「RNAワールド仮説」という学説です。つまりは、RNAこそが「生命の起源」というわけです。

原始生物においては、ＲＮＡがすべての働きを受け持っていました。情報を持ちつつ、自分で酵素活性を持って働いていたのです。酵素活性（身体を動かすのも、息をするのも、すべて体内の酵素の力によって行われています）を持っていますから、いろいろな細胞と分子を自由自在にくっつけたり離したりすることもできます。

もともとは、ＲＮＡはひとり何役もこなしていた、というわけです。でも、そのうちにＲＮＡだけが働くのでは荷が重いということで、それぞれに役割分担をすることになりました。情報をためておく分野はＤＮＡに、酵素活性の部分はたんぱく質に任せたのです。

わかりやすく「プラモデル」にたとえて考えてみましょう。ＤＮＡをプラモデルの「取扱説明書」の原本、プラモデルを組み立てる部品を集約している場とします。ＤＮＡにはプラモデルを組み立てるための全記録が書き込まれ、保存されています。

では、ＲＮＡの役割はどのようなものでしょう？　ＲＮＡは働きによって３種類に分けられます。「メッセンジャーＲＮＡ（ｍＲＮＡ）」と「トランスファーＲＮＡ（ｔＲＮＡ）」と「リボソームＲＮＡ（ｒＲＮＡ）」の３つです。

まず、ＤＮＡに書かれている全データのうち、必要なものだけを抽出して運ぶ役割をするのが「メッセンジャーＲＮＡ（ｍＲＮＡ）」です。たとえば、肝臓用の取扱説明書、腎《じん》臓《ぞう》用の取扱説明書といったように、大きなデータから各臓器に対して必要に応じて「一目でわかる簡易説明書」を作成し、コピーして配るのです。

このコピーをもとに、「トランスファーＲＮＡ（ｔＲＮＡ）」が各臓器に必要なたんぱく質の部品をＤＮＡから仕入れます。そして、身体をつくるのに必要な材料のたんぱく質を生成する「リボソームＲＮＡ（ｒＲＮＡ）」のもとに運びます。

ＤＮＡの中でメインとなるものは、30億くらいのうち約２万３０００種類程度です。それ以外の95%は意味のない「ゴミ」のような存在だと考えられ、「ジャンクＤＮＡ」「ノンコーディングＤＮＡ」と呼ばれてきました。けれど、近年になり、そのジャンクＤＮＡが実は意味のあるものではないかといわれはじめました。

マウスと人間は８割ほど遺伝子の配列が同じです。そこで、マウスのＲＮＡをかたっぱしから回収して配列を調べたところ、マウスにもジャンクＤＮＡが同じ程度の割合あることがわかりました。マウスゲノム研究のトップである理化学研究所（以下、理研）の林崎《はやしざき》良英《よしひで》先生は、そのジャンクＤＮＡの情報がＲＮＡによって読み取られ、細胞の中や血液中をグルグル回っているのを発見したのです。これはまだマウスレベルでの発見で、人間にどこまで当てはまるかはわからない状態ではあります。ただ、「ノンコーディングＲＮ

A」といわれる、一見、何の意味もなさないものと考えられていたものが、実際には読み取られてガンの制御にかかわっていることが証明されています。

先ほど、DNAの中で実際に働いているのは約2万3000種類ほどだといいましたが、これだけ見ると、我々人間と大腸菌はほとんど同じです。炭水化物やたんぱく質を代謝する遺伝子、アミノ酸を合成する遺伝子など、栄養を吸収して合成し、排出させるという、生きるために必要な基本の遺伝子は、大腸菌も人間もあまり変わりません。では、人間と大腸菌の違いを生み出しているのは何かというと、これまでゴミ扱いされてきたジャンクDNAの働きなのです。95％のジャンクDNAが、基本の遺伝子だけでは動かない箇所の微調整を行い、我々人間をより高等化してくれているのです。炭水化物を代謝するだけではなく、より繊細に微調整したり、アミノ酸を吸収して取り込み、骨格細胞をつくるときに細かく調整したり、といった働きも行っています。つまり、人間を人間たらしめているのが実はジャンクDNAだった、というわけです。

先のたとえでいうと、DNAはメインの共通の設計図。そこから肝臓工場、腎臓工場というように、臓器ごとに必要な設計図となるのがRNA。そして、ネジやクギといった、単体では大きな機能をしていないけれど、それがないとうまく作用しないもの、それがジャンクＤＮＡといえるでしょう。

たとえば、ロボットなどは適切な箇所がきちんとネジで止められていないと、ぐらついたり、がたついたりして、きちんと作用しません。また、細かい動き、精巧な動作も行えないでしょう。遺伝子の世界において、人間が精巧な動きを取るために、ジャンクＤＮＡが重要な働きを担っているのです。

ちなみに、このジャンクＤＮＡは、酵母や大腸菌にはほとんどありません。どうやら、ジャンクＤＮＡは進化の過程の中で徐々に増えてきたようです。

●昇格したジャンクＤＮＡ

ＤＮＡのうち95％をしめる「ジャンクＤＮＡ」は、コーディングＤＮＡと違い、普段は眠っている状態で、必要に応じて目を覚まします。先にも少しお話ししましたが、「コーディングＤＮＡ」とは、コード（情報）のあるＤＮＡという意味で、情報としてそのままアミノ酸やたんぱく質になるＤＮＡの配列です。ジャンクＤＮＡとノンコーディングＤＮＡはほぼ同じ意味で、情報のない「ガラクタ」のＤＮＡという意味合いになります。

かつてジャンクＤＮＡだったのに、コーディングＤＮＡへと「昇格」したものがあります。そのひとつが「トランスポゾン」です。別名「空飛ぶ遺伝子」と呼ばれ、トウモロコシなどを含む植物の間では以前から知られていました。遺伝子の一部が文字通り空を飛んで、別の場所に組み込まれます。

植物は一度根づくとそこから離れることはできませんから、遺伝子を別の場所に飛ばし、飛んだ先の植物の遺伝子に組み込ませ、品種改良させるという「離れ技」を行います。逆に、外から飛んできた「空飛ぶ遺伝子」を自らに組み込むことで、自身を品種改良する場合もあります。自身の遺伝子をあちらこちらに飛ばして遺伝子変化を引き起こし、生き延びようとする戦略でしょう。

これは〝自然界の遺伝子水平伝播《でんぱ》〟ともいわれ、世界各国でさかんに研究が行われています。細胞内外を遺伝子が飛び回る「可動性遺伝因子」と呼ばれる因子の研究です。ここでは、「トランスポゾン」や「ファージ（細菌に感染して増殖するウイルス）」「プラスミド（細胞内にあって、核以外の細胞質に存在するＤＮＡ。細胞分裂によって親から子へ受け継がれるが細胞の生存には関係しないＤＮＡ分子）」という役者がいます。

具体的には、どのようなものでしょう？　遺伝子はファージ、プラスミドなどの、いわば〝乗り物〟に乗って、あちらこちらへ飛んでいったり、細胞同士がくっついて（接合）、遺伝子が細胞から細胞に飛んでいったりすることもあります。さらには、裸の遺伝子（Free-DNA、遊離DNA）が飛んでいく場合もあります。その際、トランスポゾン配列が遺伝子を飛ばす重要な役割を果たすことがわかっています。ファージやプラスミドなどの乗り物に乗って飛んだ遺伝子はさらに遠くに飛んでいくと考えられています（ただし、遺伝子が飛んだ「痕跡《こんせき》」はあるものの、詳しいことはまだわかっていません）。

植物のみならず、動物や人間にも同じ「トランスポゾン」が行われることがわかっています。たとえば、「タコ」はほとんどすべての遺伝子がトランスポゾンで成り立っています。つまり、タコの遺伝子の設計図「タコゲノム」は、その半分以上がどこからか飛んできた遺伝子（トランスポゾン配列）によって成り立っているのです。

では、これらの遺伝子はいったいどこから飛んできたのでしょう？　宇宙からでしょうか？　たしかに、宇宙人（火星人）はタコに似た姿で描かれていますね。と、こんなことをいうと、「また突拍子もないことを」と思われるかもしれません。しかし、まったくの偶然かもしれませんが、タコの遺伝子情報は地球上になかなか存在しないトランスポゾン配列によって占められているのです。

人間の遺伝子の約4割も外から飛んできた遺伝子によって構成されています。これがなぜかについては実はまだよくわかっていません。ウイルスあるいはウイルスのようなもの（ウイルスの祖先？）が関わっているのでは、と推測されているところもあります。実際、エイズウイルス（ＨＩＶ）はあちらこちらに飛んでいってヒトのＤＮＡに巧妙に入り込み、住み着いてしまいます。ＨＩＶも外から飛んできた遺伝子といえるでしょう。

　ただ、人間の大脳の発達や進化には、トランスポゾンが大きく貢献していることがわかっています。

　一方、トランスポゾンが悪い影響を及ぼす場合もあります。たとえば、病気の際に処方される「抗生物質」ですが、それを多用しすぎることにより、やがて抗生物質を効かなくさせる「耐性遺伝子」が生まれ、それがトランスポゾンによって広く拡散される場合があります。この現象は、先にお話しした「接合」、つまり細胞同士がくっついていくことによって、細胞から細胞へと、「耐性遺伝子」が移動していくことが主に行われていると考えられます。その結果、「薬がバイ菌に効きにくくなる」事態が起こっているのです。

　いい意味でも悪い意味でも、我々の体内では空飛ぶ遺伝子が働いています。そして、外来の遺伝子が発現しないように、ジャンクＤＮＡなどがこれらの動きを抑える働きをしていることもわかっています。

●降格したジャンクDNA

一方、かつてはコーディングDNAとして働いていたけれど、今は使われていない、言ってみればメインのDNAからジャンクDNAに格下げになったものもあります。そのひとつが「ビタミンC合成酵素」遺伝子です。

人間は誰ひとり例外なく、自ら体内でビタミンCを生成することができません。外からその栄養を取り入れる以外に方法がないのです。にもかかわらず、ビタミンC合成酵素遺伝子を持ち合わせています。それはなぜでしょう?

これらについては諸説ありますが、進化の過程において、ビタミンC合成酵素遺伝子が壊れて廃棄処分になったか、あるいはビタミンCを多く含む植物を自由に摂取できるので、自ら体内で生成する必要がなくなったなどの解釈があります。いずれにしても、このビタミンC合成酵素遺伝子を人間が持っているというのは、かつては自身でビタミンCを生成することができた、という証《あかし》でもあります。

ちなみに、イヌやネコ、ライオンやトラなどは自分でビタミンCを生成することができます。ですから、肉ばかり食べていて、野菜を食べなくても、病気になることはありません。一方、同じ動物でも、ヒトのほかにコウモリ、モルモット、サルはビタミンC合成酵素遺伝子が壊れていて、自らビタミンCを生成することができません。

「ビタミン」というのは、それを摂取しないと死んでしまう、という定義があります。ビタミンCが不足すると、壊血病になり、皮膚や歯肉から出血したり、貧血を起こしたり、症状がひどくなると死に至ります。ビタミンCはそれだけ大事なものなのです。にもかかわらず、なぜ人間は自分で生成することができなくなったのでしょう？　人間の身体にはわからないことが実に多いのです。

ともあれ、人間は自身でビタミンCを生成できない分、食物からビタミンCを摂取する必要に迫られました。そして、効率よくビタミンCを摂取する手段として、ビタミンCなどの栄養を多く含んでいる赤色の植物を好んで手にする遺伝子が発達したのではないか、と考えられています。これについては後述します。

●最新ゲノム解析と古文書の記述が一致した

日本人と中国、韓国人は遺伝子的にずいぶん異なっている、ということをご紹介しましたが、中国には「中国人と日本人はだいぶ違う」といった内容が書かれた古い文献が残っています。

たとえば、前漢時代に記されたとされる『史記』の中には、「鴻門之会《こうもんのかい》」という件《くだ》りがあり、生の豚肉を食べる一幕が書かれています。高校時代、漢文の先生に教わったことですが、２０００年くらい前には、「自殺する、間違いなく死に至る」を表わす言葉として、この「豚を生で食する」という表現が使われていたそうです。また、それと同義で、「東の海に身を放つ」という表現も使用されていたといいます。つまり、豚肉を生で食べることと同様、東の海に出ることは死に直結すること、自殺行為だととらえていたのです。海はそれほど行くのに覚悟が必要な場所ですから、中国人はよっぽどのことがなければ海には近づこうとはしませんでした。海を恐れていたのです。

一方、日本人はどうでしょうか。元来、日本人は海洋民族でした。海に出て、魚や海藻を取っては食べていた。それだけ見ても、日本人と中国人の間には大きな隔たりを感じます。２０００年前の古文書に書かれていた内容と最先端のゲノム情報とが一致するのは、非常に興味深いことと言えるのではないでしょうか。

また、日本のはじまりに関して、『古事記』には、次のような神話が書かれています。

天照大神（アマテラスオオミカミ）の孫であるニニギノミコトは、大神の命令で高天原《たかまがはら》（天界）から葦原《あしはら》の中つ国（日本）を治めるために、1本の稲穂とともに、日向国《ひゅうがのくに》の高千《たかち》穂《ほ》の峰に降り立った（天孫降臨）というのです。その後、その子孫たちが「天孫族」という部族となって、「ヤマト王国」を築いたとされています。

この、ニニギノミコトが持っていた1本の稲穂ですが、その後の調査ではこの稲が「ジャポニカ」という種類であると推測されています。ちなみに、アジアで栽培される稲には、ジャポニカ種とインディカ種があります。大規模な遺伝子解析と伝播経路の調査研究によって、インディカ米とジャポニカ米の違いやルーツ、歴史的な伝播様式が判明しました。「ジャポニカ」は、「ジャパン」（日本）の名前の由来通り「日本に伝播してきたコメ」という意味合いがあります。日本の稲のほぼ100％がこのジャポニカ種です。

一方、全世界における稲のシェアは圧倒的にインディカ種が占めていて、その割合は8割以上となっています。

日本神話を信じるとすれば、その稲を伝播してきた「第一人者」がニニギノミコトであり、稲穂を持って天孫降臨したという話が日向国に伝わっていますので、やはりニニギノミコトが持ってきたのはジャポニカ種の稲であると考えるのが自然でしょう。

さらに、ジャポニカ種は朝鮮半島経由のものと、中国長江流域経由のものの2種類に分かれます。では、ニニギノミコトが持ってきたのはいったいどちらだったのでしょうか？以前は、朝鮮半島経由だろうと勝手に判断されていたようなのですが、イネゲノムの配列を事細かに解析したところ、実は中国長江流域経由のものと一致することがわかったのです。遺伝子的に考えると、ニニギノミコトは中国長江を経由して日本に降り立った、という解釈です。

日向国、現在の宮崎県には、実際にニニギノミコトが天孫降臨したとされる、「伊勢ケ《いせが》浜《はま》」という浜があります。私は一時期その地で働いていたことがありますが、この伊勢ケ浜には、地元の伝承としておよそ16年ごとに、中国から難破船が漂着するというものがあります。おそらく黒潮（日本海流）の流れの関係によるものなのでしょうが、これはまさに、古事記に記されているのと同じルートです。

また、『魏志倭人伝《ぎしわじんでん》』にも日本人に関する興味深い記述があります。三国志時代（日本の弥生時代）の倭人の儀式などの風習や刺青《いれずみ》、服装や身なりなどが、中国の南にある海南《ハイナン》島の部族と似ている、というのです。さらに話を膨らませると、琉球国《りゅうきゅうこく》（現在の沖縄）はかつて「天孫氏」が統治していたという記録が残されています。沖縄のユタ（巫女《みこ》）によれば、「日本の神々はみな沖縄から来たのだ。神々のルーツは沖縄にある」そうです。これも神様の子孫といわれる天孫族に端を発していると考えれば、理屈として納得できるでしょう。

これらのことをすべて含めて考えてみると、天孫族は、はるか昔、稲穂を1本持って中国から琉球を経由し、いわゆる「天孫降臨」して日向の国にやってきた、と考えられるのではないでしょうか。当時の中国は戦乱のまっただなかでしたから、戦火をくぐり抜けながら、当面の食い扶持《ぶち》である稲穂を握りしめて逃げ出した、というほうが合っているかもしれません。

余談になりますが、海南島以前はどこからきたのかについて、「神話」という側面から考えてみると、面白いことがわかります。

なぜか不思議なことに、ほかのアジア諸国と異なり、日本神話はギリシャやヨーロッパ、ゲルマン系の神話と似たような話（三種の神器やアマテラス神話等）が多く散見されます。たとえば、日本神話には、次のような話があります。

死んだ妻・イザナミを連れ戻しにイザナギは黄泉《よみ》の国に行きます。イザナミは「相談してくるので、少し待っていてください。ただし、その間、私の姿を決してのぞき見ないでください」といいます。けれど、イザナギは約束を破ってイザナミの姿を見てしまいます。すると、そこには想像もつかないほど醜いイザナミの姿がありました。イザナミは姿を見られたことに怒り狂い、最後にふたりはケンカをして別れてしまいます。

一方、ギリシャ神話にはこのような話があります。

オルフェウスは死んだ妻・エウリディケを連れ戻そうと、冥界《めいかい》に行きます。そこで冥界の王様と「冥界を抜け出すまで、振り返って妻を見てはいけない」という約束を交わしますが、もう少しで冥界を抜け出るというところで振り返ってしまい、約束を守れなかったことから妻とは別れてしまいます。

どちらも話の展開が似ていますね。夫があちらの国まで妻を迎えに行くところ、「見ないで」と言われているのにその約束を破って妻の姿を見てしまうところ、最後にふたりが離れ離れになってしまうところなど、登場人物こそ違《たが》え、そっくりです。このように、日本とギリシャやヨーロッパといった遠く離れた国で、国のはじまりの頃に同じような話が生まれています。

また、遺伝子レベルで見ても、先にお話ししたように日本人のY染色体はユダヤ系といった西アジアと似通っていることがわかっています。そう考えると、日本人の祖先は、中国・海南島より以前、ヨーロッパのほうからやってきたのかもしれないと推測されます。
実際、大和《やまと》言葉と古代ヘブライ語には、なぜか共通の単語があることもわかっています。
たとえば、古代ヘブライ語で〝アグダ・ナシ〟は「集団の長《おさ》」という意味の言葉ですが、大和言葉で〝あがたぬし〟は「村を統治する長」を指します。
そのほか、古代ヘブライ語：大和言葉の順に言葉と意味を比較すると、
シャムライ（護衛）：さむらい（侍）、ナハク（泣く）：なく（泣く）、バレル（見つけ出す）：ばれる（見つかる）、ミカドル（高貴なお方）：みかど（帝）、ハヤ（急速に）：はやい（早い）、ハエル（輝く）：はえる（映える、照り輝く）
など、枚挙にいとまがありません。
このように、最新のゲノム解析に古代から伝えられる神話や言語がたびたび重なることがわかっています。新旧の知識を織り交ぜながら日本人の起源が解き明かされることに、ちょっとした歴史のロマンすら感じられるのではないでしょうか。

●平家、長宗我部家、アレキサンドロス大王……遺伝子でわかる共通点

かつて、四国の山奥や九州の山岳部、山間部など、平家の落ち武者が住む集落では、奇

病や難病が数多く流行《はや》ったり、ガンで命を落としたりするなど、病気がちな人が多いといわれました。そのため、「平氏遺伝子なるものがあって、その遺伝子を持つ者は短命なのではないか？」と考えられた時期がありました。

結論から言うと、この説は現在、学術的に否定されています。

この症状は、持って生まれた遺伝子のせいではなく、集落の中で近しい人との結婚が重なり、同族結婚やいとこ、はとこなどとの血族結婚が繰り返された結果によるものだと言われています。近親者同士の結婚によって起こる症状です。

これらは20世紀以降のゲノム遺伝子学で証明されたことですが、血のつながりが強い者同士は似通った遺伝子を持ち合わせています。そのため、たとえばAという遺伝子があった場合、父方のA遺伝子も母方のA遺伝子も壊れている、というように同じ部位の遺伝子が壊れていることが多いのです。つまり、A遺伝子が壊れた両親から生まれた子どものA遺伝子は全欠損しています。通常ならば、たとえ父方の遺伝子が壊れていても、母方の正常なA遺伝子によってそれが補われ、子どもは正常なA遺伝子を持つことができます。けれど、両親ともに同じ箇所を欠損している場合には、残念ながら補いようがありません。結果として、体内のあちらこちらに遺伝子欠損が発生し、不十分な遺伝子やたんぱく質がつくられやすくなり、病気を発症しやすい身体が出来上がるのです。

　このことは、お酒に弱い遺伝子とまったく同じです。お父さんもお母さんもお酒に弱く、少し飲んだだけで青ざめてしまうという体質の場合、その子どもは同じくお酒に弱い遺伝子を持ち合わせ、お酒の飲めない体質になります。


「外から新しい血を入れれば、御家は栄える」

　これは、四国の大名・長宗我部《ちょうそかべ》家の家訓でした。当時、土佐《とさ》国の小さな郡の一領主に過ぎなかった長宗我部国親《くにちか》は、その家訓を守り、遠く離れた美濃《みの》国（今の岐阜県南部）の守護代・斎藤利長《さいとうとしなが》の娘を嫁として受け入れました。そこで生まれたのが、長宗我部元親《もとちか》です。元親は、父の期待に応《こた》えて、瞬く間に四国全土を統一し、長宗我部家を四国の大大名にまで発展させたのです。先の話にも通じますが、狭い地域の似通った遺伝子ではなく、その当時としてはかなり遠い場所の、まったく異なる遺伝子を取り入れることで、さまざまな刺激や環境変化にも適応しやすい遺伝子をつくりあげることに成功しました。その結果、強い人材を生み出すことにつながったのではないでしょうか。

　世界に目を向ければ、紀元前３００年代にギリシャからエジプト、インドに至る広大な領土を築き上げたアレキサンドロス大王も母・オリンピアスはマケドニア以外の出身でした。つまりアレキサンドロス大王はハーフです。当時は非常に珍しいことと考えられていたようですが、両親で信仰する神もまったく異なっていたそうです。

現代で活躍している人たちを思い返してみても、同じようなことが言えるでしょう。たとえば、スポーツ界で言えば、メジャーリーグのダルビッシュ有《ゆう》選手やハンマー投げの室伏広治《むろふしこうじ》選手、リオデジャネイロ五輪の柔道90キロ級で金メダルを獲得したベイカー茉《ま》秋《しゅう》選手などもハーフです。また、そのエキゾチックな容姿から芸能界やファッション業界などで活躍しているハーフの方々も少なくありません。

このように、過去の歴史を見ても、最先端の遺伝子研究に鑑《かんが》みても、「外からの血」が入ると、より優秀な人物が生み出されやすいということがよくわかります。

●日本で「エロい色」と言えばピンク。これって万国共通？

先に、日本と中国、韓国では、遺伝子的に異なっているという話をしました。これは「色」を取ってみても明白です。「色遺伝子」を例に挙げて考えてみると、ちょっと面白い結果があります。それは、国ごとに性的に興奮する「色」が異なる、というものです。

日本で、たとえば風俗店やいわゆる「エロ」「性的なもの」を表わす色として一番に挙げられるのが「ピンク色」でしょう。

たとえば、風俗街の看板を見てみると、ピンク色が数多く見られます。また、なまめかしいムードにしたい店内では、ピンク色のライトが当たっていることが多いでしょう。風俗店のことを「ピンクサロン（ピンサロ）」などともいいますし、いわゆるポルノ映画は「ピンク映画」などと呼ばれました。

では、ピンク色が全世界的に共通する「エロい色」かというと、実際はそうではないようです。

中国でのエロい色は「黄色」です。中国で見かける風俗店の看板も黄色が多いのです。どうやら、中国人は黄色を見ると性的に興奮するようです。

一方、韓国のエロい色は「赤色」です。エロ本の表紙も赤色が多いようです。日本では、東京大学や京都大学をはじめとする大学の過去の入試問題を集めた本を「赤本」といいます。表紙はもちろん真っ赤ですが、韓国でこれを持ち歩いていたら、なんだかとんでもなく大きな誤解を受けるのではないでしょうか。

ほかには、スペインでは「緑」、アメリカでは「青」がこのいわゆる「エロ色」に該当するといわれています。

残念ながら、色遺伝子は「あるかもしれない」というレベルまでしか研究は進んでいません。ただし、「人間は原始的な本能として、赤系を好む遺伝子を持っていたのではないか」ということはわかっています。実際、女性が赤系の色を好むのは遺伝子によるものであることが論文で発表されています。たしかに、男性よりも女性のほうがピンクや赤などの暖色系の服を身に着けることが多いといえるでしょう。女児の多くはピンク色を好むようですが、これも遺伝子によるものなのです。

はるか昔、狩猟時代のこと。男性が外に出て狩りにいそしみ、女性は洞窟《どうくつ》の中で家庭を守っていました。男性が肉などのごちそうを仕留めてくる間、女性は家の周辺になっている植物や果物などを採集していたのです。女性は赤系の色を見ると手に入れたくなる遺伝子を持っているため、おのずと赤い木の実や果物をとってきます。

赤、ピンク、オレンジといった赤系の野菜や果物といえば、リンゴやトマト、イチゴ、桃、みかんやオレンジなどが挙げられるでしょう。最近の研究によれば、赤系の色素成分には抗酸化活性を持っているものが多いことがわかっています。つまり、赤系の野菜や果物はほかの色をした野菜や果物にくらべて栄養面ですぐれていて、少量でも効率よく栄養を摂取できるというわけです。

男性が仕留めた肉と女性が採集した赤系の果物や木の実を食べることで、私たちの祖先は、たんぱく質、ビタミン、ミネラル、抗酸化物質といった栄養をバランスよく取り入れることができました。これらが、結果として厳しい氷河期を乗り越えて生き延びることができた原因にもなっているのではないでしょうか。女性が「赤」を好み、手に取りたくなるのは、昔からの生きる知恵の名残だったとも考えられるでしょう。

●遺伝子にも人種の違いがある？

遺伝子には、その人種ごとに特有の配列があります。遺伝子の中でも壊れやすい箇所と壊れにくい箇所があり、同じ人種や民族ではその傾向が似ているのです。

たとえば、「原発性胆汁性肝硬変」（ＰＢＣ）という肝臓の病気があります。肝臓内でリンパ球が異常を起こし、暴走して肝臓を壊してしまうものです。こういった発症のメカニズムは万国共通ですが、発症の原因となる遺伝子の場所が、欧米人と日本人では異なります。つまり、壊れやすい「ホットスポット」と呼ばれる遺伝子の場所が人種や民族によって違うのです。

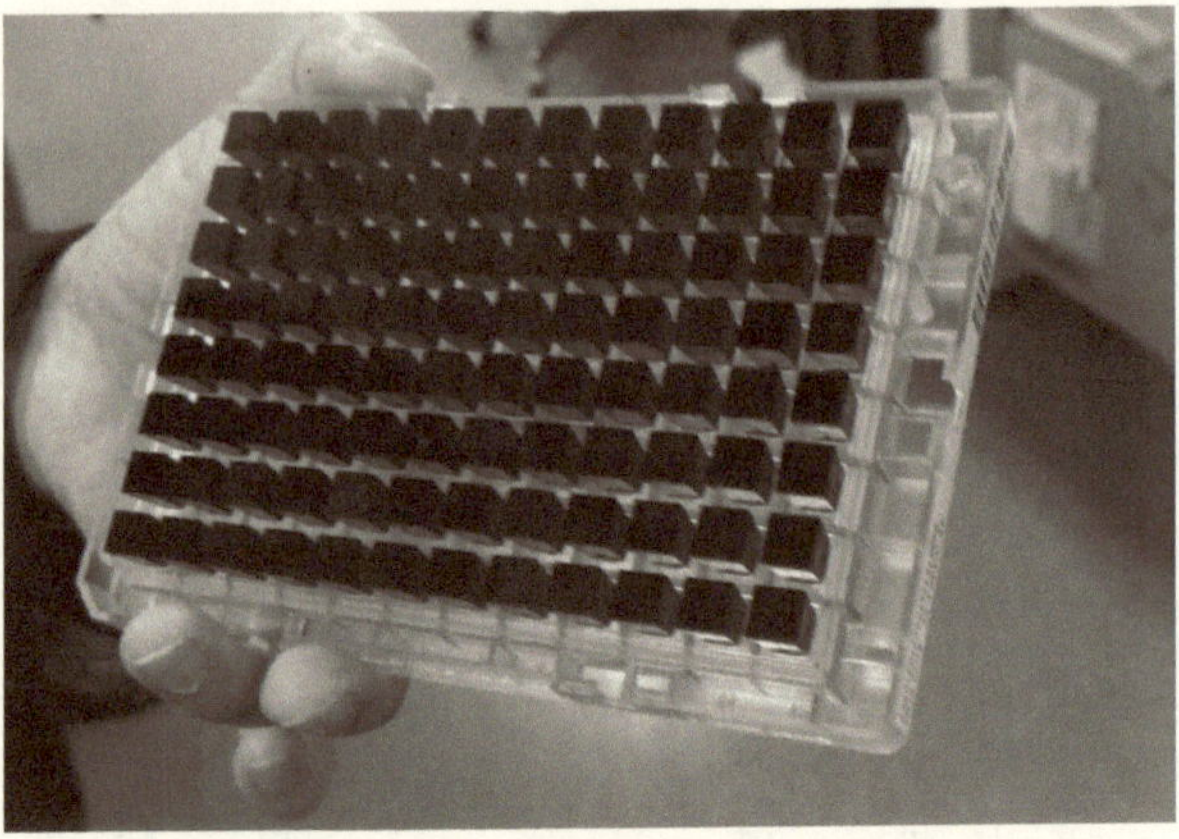
日本人ゲノム解析ツール「ジャポニカアレイ®」

このように、欧米人には欧米人ならではの、日本人には日本人ならではの遺伝子の組み合わせがあります。

今、遺伝子解析の世界は群雄割拠の状態です。アメリカではアメリカ人に合ったチップを、ヨーロッパではヨーロッパの人たちに適合したチップをつくろうと、それぞれがしのぎを削っています。

日本では、東芝が東北大学と組んで、日本人ゲノム解析ツール「ジャポニカアレイ®」を開発しました。日本人に特有な全遺伝子の中の約60万ケ所のホットスポットを収集し、半導体技術でチップにのせ、「どのような病気にかかりやすいか?」「どういう体質か?」といったことを1万9800円という低価格で提供することにしたのです。

一般的に、ゲノム解析はまだまだ高価なもので、たとえばアメリカなどでは、１件につき5、6万円ほどかかります。ところが、東芝は1万９８００円というかなり手軽な値段で打って出ました。この技術と手軽さをウリに、世界のトップを目指したのです。

しかし、そこには誤算がありました。同じ日本でも、20ページの図にあるように東北の人と九州の人とではホットスポットの箇所に差異があることがわかったのです。さらに、世界に目を向けてみると、中国北部の人たちには多少当てはまるけれど、中国南部の人ともなるとその傾向はまったく異なり、解析すら満足にできませんでした。比較的似ていると言われる中国の人にも使えないとなると、欧米の人たちに使えるとは到底思えません。現在はコンテンツを変えて、海外でもひっそりと展開しているようですが、残念ながら世界戦略はどこへやら……というのが現状のようです。

課題としては、非常に低い頻度の変異を、低コストで設計したチップで、どの程度検出可能かという点です。たとえば、０・０１％程度の非常に稀《まれ》にあらわれるホットスポットがあります。もしかすると、それこそが大きな病気の原因にあたるかもしれないので、見過ごすことのできない、非常に重要なものです。それをどのくらい正確に拾い上げることができるのか。いくら安くても、「安かろう、悪かろう」では世界に対抗できません。ほんの僅《わず》かなエラーが命取りとなるのです。これらの課題をクリアすることが、今後生き残るために必要な技術といえるでしょう。

ゲノム解析は日進月歩で進化を遂げています。全人類に使えるゲノム解析ツールが出来上がるのはいったいいつになるのか？　目が離せない状況です。

●男女で遺伝子の違いはあるか？

男性と女性では、脳の働きがまったく異なる。まるで別の生物だ、などと言われることがありますが、遺伝子的に見るとどうでしょうか？

皆さんもよくご存じの通り、男性の染色体はＸＹ、女性の染色体はＸＸです。

そして、男性はＹ染色体を持っている分、１００個ほど遺伝子を多く持ち合わせています。この数え方には諸説あり、似たような遺伝子も含めると２００近くになるのではないか、という方もいますが、ここでは約１００個としておきます。割合でいうと、約０・４～０・５％前後の違いになります。

これがどのくらいの差異か？　人間とチンパンジーの違いが１・２８％ですから、約

０・４〜０・５％の違いというのは、ずいぶん大きいといえるのではないでしょうか。別の生物に見えてもおかしくないですね。

男性に１００個ほど多い遺伝子には、いったいどのような機能が含まれているのでしょう？　アンドロゲンや男性ホルモンのレセプターといった、性差にかかわる「セックスホルモン」があることはわかっています。けれど、それ以外についてはよくわかっていない、というのが現状です。これはあくまでも推測にすぎませんが、「力強さ」「俊敏さ」といった身体能力を与えられたのではないかと考えられます。男性（オス）は出産できない分、女性が安心で安全に暮らすことをサポートする役割が与えられてきました。Ｙ染色体には、その際に使うための「弁慶《べんけい》の七つ道具」のような働きもあるのではないでしょうか。

具体的には、母子を外敵から守り、母子が健康でいられるよう食料をより多く捕獲することを求められてきました。そのためには、外敵を倒したり獲物を仕留めたりするための強さ、獲物に飛びかかるための速い足、跳躍力などが必要となるでしょう。Ｙ染色体にはそれらの機能を兼ねそなえた設計図が多く含まれているのではないかと考えられます。

しかし、生命に非常に重要とされるのは実はＸ染色体です。生命活動に必須《ひっす》な遺伝子を数多く持っているからです。Y染色体だけでは人は生きられません。X染色体には免疫機能に関する遺伝子も多数含まれています。そう考えると、X染色体をふたつ持っている女性のほうが強い、と言えるのではないでしょうか。たとえどちらか片方のX染色体が壊れても、もうひとつのX染色体が働いてくれたら正常に機能するからです。男性はX染色体がひとつ壊れたら、それでおしまいです。

実際、女性のほうが男性よりも平均寿命が長いですし、乳幼児期における死亡率も女児より男児のほうが高いという結果が厚生労働省の調査でわかっています。さらに、流産する受精卵は男性の遺伝子のほうが多いともいわれています。世の中を見てみても女性のほうが強くて元気な感じがしますが、それは遺伝子的にも立証されているのではないでしょうか。

●日本人は太りやすい遺伝子を持っている？

「それほど食べているわけでもないのに、なぜ太ってしまうのだろう？」と疑問に思ったことはありませんか？

夜寝る前に食べているから？　炭水化物が好きだから？　それも一因かもしれませんが、

日本人は元来太りやすい遺伝子を持ち合わせているということもひとつの要因です。

日本人は長年粗食に耐えてきたことがわかっています。『日本書紀』の最初の章にはこう書かれています。「豊葦原千五百秋瑞穂《とよあしはらのちいほあきのみづほ》の地有《くにあ》り」。「神のご加護によって、稲穂が豊かに実り栄える国になった」という意味です。先にもお話ししましたが、ニニギノミコトが稲穂を持って、天孫降臨し地上に降り立ったことがきっかけで、稲穂が豊かに実ることになりました。つまり、神様が降臨する以前は、日本は何千年も暗黒で、食べ物にも乏しい、苦しい飢餓の時代だったというわけです。

そのような環境下でも、日本人は生き延びてきました。そのため、日本人には「飢餓」に耐えうる遺伝子が刻み込まれたのです。β３ＡＲ、ＰＰＡＲγ、カルパイン10、β２ＡＲ、ＵＣＰ－１などがそれです。

たとえば、アドレナリンに関係する遺伝子「β３ＡＲ」には、脂肪が燃えにくくなる作用があります。この遺伝子を持ち合わせている人はそうでない人にくらべて、１日あたりの基礎代謝量が２００キロカロリー低く、内臓脂肪がたまりやすく、特にお腹回りが太りやすい体質であることがわかっています。全白人系の人のうちたった８％しか持ち合わせていない遺伝子ですが、日本人は34％の人がこの「β３ＡＲ」遺伝子を持っています。また、「ＰＰＡＲγ」遺伝子は、安静時に新陳代謝が進まないという作用があります。この遺伝子を持ち合わせているのは、欧米人では6割ですが、日本人では実に92％にものぼります。「カルパイン10」遺伝子は糖分や炭水化物の細胞取り込みに関する活性型インシュリンを調節する遺伝子で、この遺伝子を持ち合わせていると糖分や炭水化物に含まれる糖質を吸収しやすい体質であることがわかっています。日本人の95％がこの遺伝子を持っています。「β２ＡＲ」遺伝子は脂肪分解に関係しています。この遺伝子を持ち合わせている人は1日あたりの基礎代謝量が２００キロカロリー高く、脂肪がつきにくいものの、筋肉もつきにくく、一度太るとやせにくい体質であることがわかっています。日本人の16％がこの遺伝子を持ち合わせています。

「ＵＣＰ－１」遺伝子は脂肪の誘発に関連し、この遺伝子を持ち合わせていると、1日あたりの基礎代謝量が１００キロカロリー低く、脂肪の代謝が悪くて太ももやヒップなど下半身が太りやすい体質であることがわかっています。日本人の25％がこの遺伝子を持ち合わせています。

これらはどういうことかというと、いつ来るかわからない飢餓状態に備えて、少量の食べ物をできるだけ脂として体内に蓄積したり、栄養分をため込んでおいたりする機能が非常に高いということです。この飢餓遺伝子、言い換えると肥満遺伝子はほかの民族が持ち合わせていない、日本人に特有の遺伝子です。日本人はこの飢餓に強い遺伝子を持っていたがゆえに、何千年も生き延びてこられたといえるでしょう。

このように、飢餓遺伝子は満足な食べ物が与えられない時代には非常に役立つ遺伝子でした。けれど、今は飽食の時代です。少量でも栄養分や脂肪分をため込むことができる体質なのに、栄養価の高いものをお腹いっぱい食べたら、どうなるでしょうか？　そうです、肥満、メタボへの道一直線です。その結果、日本ではここ数十年間で肥満の人が大幅に急増、さらには糖尿病や動脈硬化発症予備軍を多数生み出す結果となりました。

最近、東京大学の門脇孝《かどわきたかし》先生をはじめとするグループが、肥満のカギとなる「アディポネクチン受容体」を解明しました。アディポネクチン受容体が活性化することにより、糖や脂質の代謝が促進され、糖尿病や肥満になりにくくなる、いってみれば「スーパー分子」です。ところが、日本人の約半数はこのアディポネクチン受容体が壊れていることがわかったのです。つまり、日本人の約半数はアディポネクチンの力を借りて糖や脂質の代謝を行うことができません。その結果として、糖や脂質をため込みやすいのです。

実際、日本は「肥満大国」になりつつあります。見た目うんぬんということでいえば、アメリカなどのほうがずっと恰幅《かっぷく》のいい人も多いでしょう。そうではなく、ここでいうところの「肥満」というのは戦前と戦後を比較し、健康を害する人の比率を比較しているのです。

たとえば、生活習慣病の代表である糖尿病は、戦前には日本国内で1％前後であり、非常に稀な病気として大学で研究されていたといいます。しかし、今では糖尿病は予備軍を含めると2000万人以上いるといわれています。糖尿病と肥満はおおいに関係があります。放置していると、やがて血管がボロボロになり、脳卒中、心筋梗塞《こうそく》にかかる可能性も高まります。

また、最近では肥満が発ガンを誘発する「潜在ガン」が多いという調査報告もあります。実際、「ガン天国ニッポン」ともいわれていますから、これは見過ごせない事実でしょう。そう考えると、日本が肥満大国に変貌《へんぼう》を遂げているという意味も納得できると思います。

この要因として、戦前と戦後の食生活の変化も挙げられます。けれど、それだけでなく、もともと日本人が持ち合わせている肥満遺伝子も大きく関係しています。いってみれば、食の欧米化、そして飽食化により、日本人の中に眠っていた肥満遺伝子が目覚めてしまったのです。

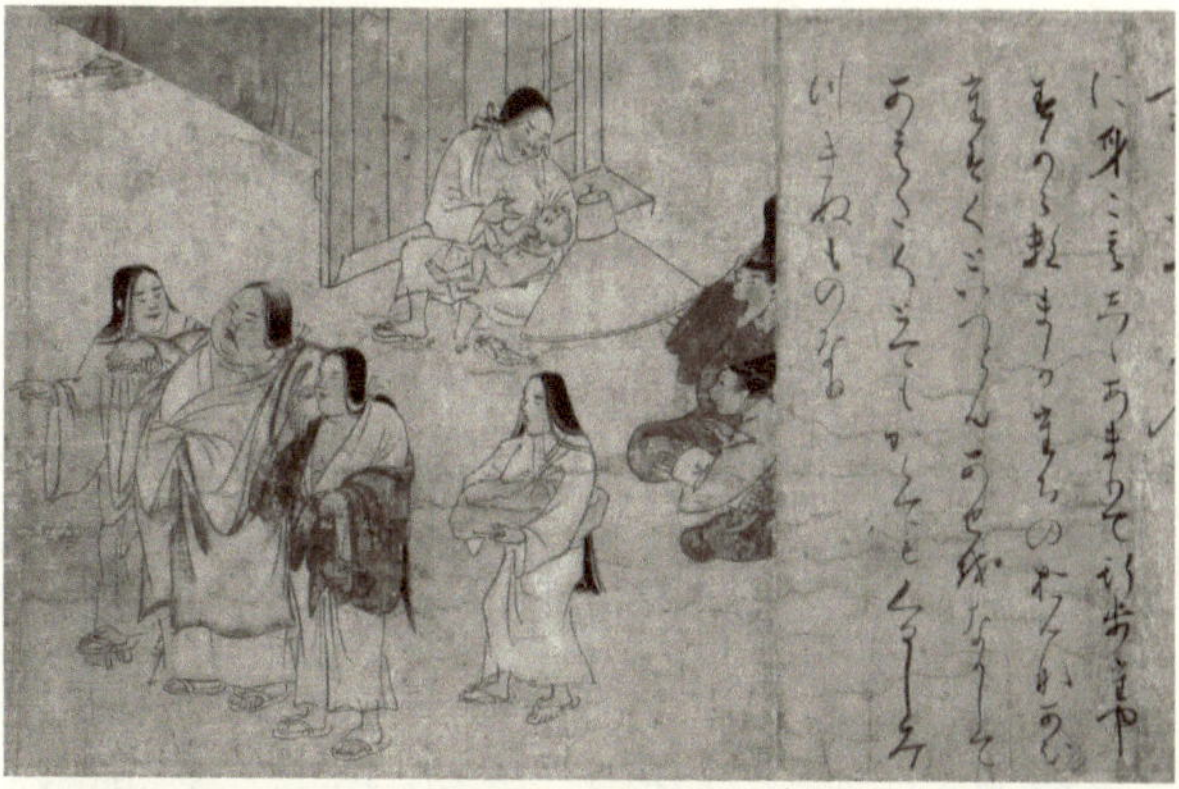

「病草紙断簡・肥満の女」福岡市美術館所蔵（松永コレクション）

ところで、世界最古の「肥満」に関するカルテなるものは、なんと日本に存在します。時代は鎌倉時代。『病草紙《やまいのそうし》』という古文書の中にそれは記されています。ある高利貸の女性が富を得ると、突然金に飽かして美食大食をするようになったのです。その結果、どんどん肥え太り、あまりの重みについには自分の力で動けなくなってしまったというものです。『病草紙』には、ふたりの付き添いに両脇を支えられながら苦しそうによたよたと歩を進める女性の姿が描かれています。環境が変わり食生活が変わると、それが即、体形にあらわれてしまう。それが日本人の体質なのです。

●世界が大絶賛！　日本人の「おもてなし遺伝子」

数年前に、「おもてなし」という言葉が流行りました。この「おもてなし」は、細やかな気配りができる「遺伝子」によるものであることがわかっています。情報伝達に関連する「セロトニン・トランスポーター遺伝子」がそれです。別名「神経質遺伝子」「不安遺伝子」「恐怖遺伝子」などともいわれています。セロトニンは「幸せホルモン」ともいわれ、不足すると心が不安定になりやすいのです。

このセロトニン・トランスポーター遺伝子は、長さによって短いS型と長いL型がありますす。お父さんとお母さんから1本ずつ受け継ぎますから、それに応じて人間はSS型、LS型、LL型の3パターンのいずれかを持ち合わせています。セロトニンの分泌量はSS型がもっとも少なく、LL型がもっとも多くなります。その結果、セロトニンの分泌量がもっとも少ないSS型遺伝子を持っている人は神経質で慎重、内向的な一面があり、もっとも多いLL型遺伝子を持っている人は反対に、おおらかで大胆、外向的な一面があります。その中間型がLS型です。

日本人の約68％がSS型、LS型を合わせると実に98％以上が「S型」の遺伝子を持っていることがわかりました。SS型はいい方向に働けば、細やかな気配りができ、相手につくすことができるおもてなし上手。真面目なコツコツ型です。けれど、悪い方向に進むと、非常に慎重で細かいことを思い詰めたり、不安や恐怖を覚えやすかったりするため、鬱《うつ》になったり、ひどくなると自殺にまで発展してしまったりするところがあります。実際、先進国の中で、日本は自殺率でトップクラスだそうです。ちなみに、同じアジアでも中国人や韓国人のS型遺伝子の割合は日本人にくらべて低く、アメリカ人はおおらかなLL型が約3分の1を占めています。

日本人のきめ細かなサービス、和食の皿の繊細な盛り付け、手間のかかる日本酒などは、まさに「おもてなし遺伝子」の賜物《たまもの》ではないでしょうか。

日本酒が登場したのは今から約400年ほど前ですが、つくるのにものすごく手間がかかります。温度や湿度の管理が重要で、酒蔵は清潔に保っておかないとすぐにカビが生えたり、麴菌《こうじ》がうまく育たなかったり……。毎日の細やかな心配りなくしてはできないものだと言われています。仙台《せんだい》の造り酒屋さんに聞いた話では、昨今の「SAKE」ブームに乗って、海外から日本酒を学びにくる人たちも多いようです。けれど、あまりの手間のかかり具合に、実習中にしっぽを巻いて逃げ出すことも少なくないといいます。

また、日本人に欠かせない「米」ですが、稲作も真面目にコツコツ行わないと稲穂が実らないものです。真面目にコツコツ、これはまさに日本人の気質そのものといえるでしょう。本来、コメは日本のような温帯地域ではなかなか育ちにくい作物でした。そのような環境下にありながら、日本を「お米の国」に育て上げたのは、ひとえに小さな努力や工夫を積み重ねてきた日本人の遺伝子によるものでしょう。苗床をつくり、肥料をやり、苗を植えつける。害虫に気を遣い、こまめに雑草を抜き、天候に気を配り、稲穂が実ったら収穫をする。田んぼの片づけを行い、翌年の田植えに備える。実に細かい作業です。「米」を分解すると「八十八」になりますが、これは「米が実るまでに八十八回手間をかけるから」という意味があるといいます。それだけ大変なものなのです。一方で、努力をすればそれにきちんと反応して、稲穂はどんどん実る。「たゆまず努力せよ。努力を続ければ必ず報われる」。これこそが稲作の文化だそうです。この考え方は日本人の気質にしっかりと刻み込まれているのではないでしょうか。

きめ細かさという点でいえば、日本製の製品はどれもきちんと丁寧につくられ、機能性にすぐれたものが多いでしょう。トヨタや日産といった日本の乗用車は販売台数でも常に世界トップクラスに君臨しています。これはまさに真面目にコツコツと技術の向上を積み重ね、きめ細かなメンテナンスをきっちりと行ってきた集大成といえるでしょう。きちんと最後まで自分の任務をやり遂げる、「おもてなし遺伝子」にも通じるところではないでしょうか。

日本人のそのような気質を裏づける、こんな話があります。

戦前の話ですが、時を同じくして日本やドイツ、アメリカ、イギリス、イタリアなどで相次いで潜水艦事故が起こりました。潜水艦は一度沈んでしまうと二度と浮かび上がることはありません。たいていはしばらくしてから引き上げられるのですが、その乗組員たちの亡骸《なきがら》に民族性が大きくあらわれるそうです。ある国の潜水艦では、乗組員たちが互いに首を絞め合って死んでいました。別のある国の潜水艦では、乗組員のひとりが発狂して銃を乱射し、みんなが血まみれになって倒れていたといいます。

では、日本の場合はどうだったか？

1910年（明治43年）4月15日、佐久間勉《さくまつとむ》艇長率いる第六潜水艇は岩国《いわくに》基地を午前10時に出発し、広島湾に向かう潜水中に何らかの原因でガソリンパイプが破損し浸水。潜水艇は二度と浮上しませんでした。先に書いたように他国の船員は最後まであがき、醜態をさらしましたが、「果たして日本や如何《いか》に？」と世界中が注目したといいます。

事故艇のハッチを開けたとき、誰もが驚愕《きょうがく》しました。というのも、全員がそれぞれ自分の持ち場をしっかりと守りながら、まるで眠るように亡くなっていたからです。そして、艇長は死ぬ間際まで遺書を書き続けていたそうです。そこには、「この事故の全責任は私

沈没した第６潜水艇／毎日新聞社

にある。だから遺族を含めて償いたい。私の全財産を使って、どうか乗組員たちの遺族を守ってやってほしい」というような内容が綿々と書かれていました。それを聞いて、全世界は「日本人は最後の最後まで、自分の仕事をきっちりとこなすのだ」と大変驚いたといいます。皮肉なことに全世界でこの出来事をもっとも絶賛したのはアメリカの「ニューヨーク・タイムズ」でした。まさかその後に日米で戦うことになろうとは予想もしなかったことでしょう。

ともあれ、この日本人の「おもてなし遺伝子」に通じる気質は、昔から今に至るまで、世界中から高い評価を得ています。次世代にもしっかり受け継いでいきたいものです。

●日本人が糖尿病になりやすい理由

糖尿病は日本人が気をつけるべき病のひとつです。糖尿病の発症に関係する遺伝子を日本人の実に95％が持ち合わせていることがわかっています。

肥満遺伝子のひとつである「カルパイン10」がそれです。糖分や炭水化物の細胞取り込みを調節する作用があり、糖尿病の発症にもかかわっています。この遺伝子ですが、イギリス人では全体の25％しか持ち合わせていません。

さらに、日本人を含む東アジア諸民族は、欧米人に比べて遺伝的にインスリンの分泌能力が低いことがわかっています。日本人のインスリン分泌量は、白人の半分から4分の3程度です。インスリン分泌量が少ないと、糖尿病にもなりやすいといえるでしょう。

これは、日本人の食生活に起因すると考えられています。インスリンは血糖値が上がると分泌されますが、過去数千年の間、日本にはカロリー過多となるような肉や脂肪、パンを食べる習慣がなかったため、それほど急激に血糖値が上がることもなく、したがってインスリンを多量に分泌する必要もなかったのです。実際、インスリンの分泌量が少なくても特に問題はありませんでした。

ところが、戦後、食生活の欧米化が進み、高カロリー、高脂肪の食事をとることが急激に増えました。さらには運動不足などの生活習慣が重なり、もともと糖尿病になりやすい遺伝的要素と相まったのです。その結果、日本人の成人型糖尿病（2型糖尿病）の発症率はぐんと高まりました。戦前にはたった1％しかいなかった糖尿病患者ですが、2017年に厚生労働省が発表した「平成28年国民健康・栄養調査」によれば、糖尿病が強く疑われる成人の推計が1000万人となりました。予備軍を含めると2000万人以上ともいわれていますから、もはや「国民病」といっても過言ではないでしょう。

さらに、近年は子どもの成人型糖尿病が増えています。これまで成人型糖尿病といえば、その名のとおり「成人の病気」でした。ある程度の年齢になってから発症することが多い病気だったのです。ところが、大人と同じく夜遅くまでインスタント食品、菓子など高カロリー、高脂肪のものを食べたり、室内でゲームをすることで運動不足になったりするなど、生活習慣の乱れによって子どもの肥満も増加。結果として、子どもの成人型糖尿病が増加したのではないでしょうか。

●日本人に多いガン——発症の仕方はさまざま

日本人の死因第1位はガンです。ガンが遺伝子レベルで発症することは学術的にかなりわかってきています。

戦前と戦後を比較して、これだけ劇的にガンの発症率が増えたのは世界でも日本くらいでしょう。戦前の死因第１位は脳卒中（脳出血）や脳溢血《のういっけつ》などでした。それが今では、ふたりにひとりはガンを発症し、３人にひとりはガンで命を落とす時代です。

戦前と戦後では何が違うのでしょう？　食生活の変化等により、後述するエピジェネティクスが起こり、眠っていたガン遺伝子が起きてしまったり、逆にガン抑制遺伝子が眠ってしまったりしているのだと考えられています。

ガンにもいろいろな種類がありますが、内臓によって、ガンの発症の仕方が大きく異なることがわかっています。

たとえば、大腸ガンは「フォーゲルシュタインの多段階発ガンシークエンス説」です。ガン遺伝子の壊れる順番が決まっているのです。最初はＡＰＣ遺伝子、次にＲＡＳ遺伝子、そしてｐ５３遺伝子の順に壊れると、大腸ガンを発症します。この順番が逆になったり、順番が異なっていたりすると、ガン細胞は死んでしまい、発症しません。

次に、日本では大腸ガンと並んでガンの死因トップクラスの肺ガンはどうでしょう。肺ガンは世界中で爆発的に増加しています。特に、中国などはその傾向が顕著です。この肺ガンですが、先にお話しした大腸ガンの「多段階発ガンシークエンス説」とは発症方法が大きく異なっています。

まず、「ドライバー遺伝子」なるものが働きます。これは、ガンの発生や進行に直接的に重要な役割を果たしている遺伝子の総称です。車を運転することをドライブといいますね。車のアクセルを踏むとグーンとスピードが加速しますが、このドライバー遺伝子もこれと同じイメージです。たったひとつの遺伝子が壊れると、それだけで一気にガンを発症します。先ほど挙げた「多段階発ガンシークエンス説」は3つの遺伝子が順番に壊れないと発ガンしませんが、肺ガンではたった1カ所の遺伝子が壊れるだけでアウトです。その発ガンしやすさこそが、肺ガンが爆発的に増えている原因だろうといわれています。

肺ガンのドライバー遺伝子は現在5、6個見つかっており、製薬会社では、個々の遺伝子のスイッチに対して効く薬をこぞって研究開発しています。

たとえば、「オプジーボ」という薬もそのひとつです。これは、免疫細胞「T細胞」の「PD－1受容体」という、特定の免疫チェックポイントをターゲットにしています。PD－1受容体が、ガン細胞がつくり出す「PD－L1」という物質と結合すると、T細胞の免疫機能にブレーキがかかり、ガンが発症、進行することがわかっています。そこで、オプジーボの登場です。オプジーボがT細胞のPD－1受容体と結合することで、ガン細胞がつくり出したPD－L1との結合を阻止し、T細胞がガン細胞を攻撃する力を高める役割を果たすのです。

肝臓ガンにも同様にドライバー遺伝子があることがわかっています。ならば、肝臓ガンの場合も、肺ガンと同じく特定の遺伝子を狙い撃つような薬を投与すればいい、と考えるでしょう。けれど、状況的には「言うは易《やす》く行うは難《かた》し」といったところのようです。

というのも、肺ガンでは現在見つかっているドライバー遺伝子は5、6個程度であるのに対し、肝臓ガンでは30個近くも発見されているからです。これらを日本人の肝臓ガンにおいて世界で最初に発見したのが、東京大学先端科学技術研究センターの油谷《あぶらたに》浩幸《ひろゆき》先生です。現在、肝臓ガン向けの薬を日々開発しているようですが、なかなか思い通りにはいかないそうです。理論上はうまくいくはずだと自信を持ってつくられた薬が、臨床試験の段階で思うような効果を発揮せず、軒並み「ボツ」になっているというのです。肺ガンの場合には5、6個のドライバー遺伝子のみをターゲットにすればいいのですが、肝臓ガンの場合には30個のドライバー遺伝子を相手にしなければなりません。いってみればガンに対して開かれた30カ所のゲートがあるので、その分手強《てごわ》いのです。また、肝臓ガンの場合にはB型肝炎ウイルス、C型肝炎ウイルスなどのウイルスがドライバー遺伝子を壊してガンを発症する可能性もあるようです。

ガンはこのスイッチが壊れたら、別のスイッチに移動したり、別の経路をたどったりするなど、巧みに切り抜けていく性質があり、なかなか手強いところがあります。

●ガンは遺伝する？

健康診断の際、家族や近親者の病歴や健康状態、死因などについてたずねることがあります。これは病気にも遺伝性のものがあるからです。

では、ガンは遺伝するのでしょうか？　ある種のガンでは本人も罹患《りかん》しやすい可能性が示唆されています。たとえば、すい臓ガン、乳ガン、子宮体ガン、卵巣ガンなどは遺伝性が高いのではないかと見られ、目下調査中です。二親等以内に3人以上、なにかしらのガンに罹患したことがある人がいる場合には、まず「ガン家系」と見ていいでしょう。積極的にガン検診を受けることをおすすめしています。

たとえば、身内にすい臓ガンにかかった人がいる場合、本人も通常の3倍ほどすい臓ガンになりやすい、という統計データが欧米を中心に出ています。日本人は欧米人より血縁が濃いことから、より相関関係が高いのではないかと考えられます。

また、乳ガンや卵巣ガンにかかった人がいる家系は、ＢＲＣＡ１、ＢＲＣＡ２遺伝子が壊れていることが多く、同じく乳ガンや卵巣ガンを発症する確率が高いのです。ＢＲＣＡ１遺伝子は、細胞が増殖しガン化するのを防ぐ役割やほかの遺伝子とともに損傷したＤＮＡを修復する役割を果たしています。ＢＲＣＡ１遺伝子に変異がある場合、乳ガンの発症率は約65％といわれています。

女優のアンジェリーナ・ジョリーさんは、このＢＲＣＡ１遺伝子が壊れていて、乳ガンを発症する確率が87％、卵巣ガンを発症する確率が50％であることが判明しました。そのため、〝予防策〟として、両乳房除去手術を行ったのです。彼女のようにまだガンにかかっていないけれどガンを引き起こす遺伝子変異を持っている「プリバイバー」と呼ばれる人たちが増えつつあるようです。

ＢＲＣＡ１あるいはＢＲＣＡ２遺伝子が壊れている人は、乳ガンのほかにすい臓ガンにもなりやすいことがわかっています。乳ガンとすい臓ガンは臨床経過が似ていて、１カ所に10～15ミリほどのガンができると、砕け散るように一気に広がっていく傾向があります。

乳ガンというと女性だけのものと思われがちですが、近親者に乳ガンに罹患した方がいる場合には、たとえ男性であってもすい臓ガンになる可能性が高いのです。

ですから、私は外来に来られる方には必ず、「身内に乳ガンの方はいらっしゃいませんか？」とたずねています。そして、「いる」と答えた方のすい臓は注意して診察するようにしています。そのような場合、ガンを発症する前のでこぼことした異変がすい臓に見つかることも非常に多いのです。

すい臓ガンは発症すると治すことが難しい病気のひとつです。早期発見のために、身内に乳ガンの方がいる、という方は特に一度受診してみることをおすすめします。

●肺ガンが増えている理由

先にもお話ししましたように、大腸ガンと並んで爆発的に増えているのが肺ガンです。「タバコを吸っていると肺ガンになる」と考えている人、逆にいえば、「タバコを吸っていなければ肺ガンの心配はない」と考えている人は多いかもしれません。けれど、最近では喫煙者以外の肺ガンが急増しています。

原因のひとつとして、大気汚染が挙げられるでしょう。大気中に含まれる化学物質が、あるドライバー遺伝子を壊し、ガンを引き起こすのです。中国では肺ガンが急激に増加し、

「世界一の肺ガン王国」といわれるまでになっていますが、その大きな原因としてこの大気汚染が考えられています。世界保健機関（ＷＨＯ）がとりまとめた「世界ガン報告」によると、２０１２年に肺ガンを発症した全１８２万人のうち、約36％が中国人でした。これは世界人口に占める中国の比率（19％）を大きく上回っています。ちなみに、日本の世界人口に占める割合は１・８％ですが、肺ガン発症率は５・２％となっています。

タバコが原因で起こる肺ガンのほとんどは「小細胞ガン」か「扁平上皮《へんぺいじょうひ》ガン」と呼ばれるものですが、最近はそれ以外の「腺《せん》ガン」に罹患する人が急増しています。女性に多く発症し、タバコによる影響はほとんどありません。では、何が原因なのでしょう？

私は大学院時代にネズミをつかった発ガンモデル実験を行ったことがあります。そこでは、「グリセロール（グリセリン）」という油に含まれる成分を毎日ネズミに与え続けました。すると、肺には腺ガンの前段階となる、「腺腫《せんしゅ》」がポコポコとできてきたのです。

この実験から考えられることはひとつ、やはり「油」が腺ガンを引き起こす大きな要因になっている、ということです。では、グリセロールはどのようなものに含まれているでしょうか。主に食品では、食品添加物に指定されており、甘味料や日持ちさせるための保存料、食品の水分を保つ保湿剤、ガムに粘りや柔らかみを加えるための増粘安定剤としても使用されています。そのほかには、保湿剤として、化粧品にも多く含有されています。

近年、女性に腺ガンが増えているのは、油を多く含む食事や、食品添加物を多く含む菓子などを取っていること、グリセロールの入った化粧品を毎日のように使用していることなどが原因ではないでしょうか。肺ガンはたとえタバコを吸わなくても発症することを覚えておいてください。

肺ガンは自覚症状がほとんどありませんし、レントゲン検査ではなかなか見つかりにくいところがあります。そのため、アメリカでは肺ガンの検査として「ＣＴ検査」が推奨されています。放射能による被ばくを気にされる方もいらっしゃいますが、日本はＣＴの技術が進んでいて、従来の７分の１程度の低線量で、しかも画像解像度がいいものも開発されています。このＣＴ検査と痰《たん》の検査をセットにした「肺ガンドック」を行っている病院もあります。

私が勤めていた病院では、かつてこんなことがありました。

ある患者さんが風邪気味で来院し、レントゲン検査を受けることになりました。当時、必要な検査は紙の検査箋《せん》にチェックする仕組みでしたが、担当した研修医が誤って、レントゲンだけでなくＣＴの項目にまでチェックを入れてしまいました。患者さんは、「ただの風邪なのに、なんでCTまで撮らせるのだ！」とたいそうご立腹でした。ところが、いざCTの結果を見たところ、そこには10ミリほどの白いものが写っていたのです。これは肺ガンの兆候を表わすものでした。レントゲン撮影だけではまったくわからなかったけれど、たまたまCTを撮ったことで奇跡的に初期の肺ガンが見つかったのです。その患者さんはすぐに腫瘍《しゆよう》部分を切除して、今ではすっかり完治しています。はじめはものすごく怒っていた患者さんですが、最後にはえらく感謝して帰られました。

このように、レントゲンによる検査だけでは安心できない肺ガンです。もし可能ならばCT検査を受けることをおすすめします。

●静かに進行していく、怖いすい臓ガン

日本では、ここのところすい臓ガンも増えています。もともとは高齢の男性に多いとされるガンでしたが、近年では日本人女性の罹患が著しく増加しています。酒、タバコ、油っこい食事、この3つが病気の「リスクファクター」といわれていますが、お酒を一滴も飲まない、タバコもまったく吸わない、油っこい食事もそれほど食べない、というような女性がなぜかすい臓ガンになるパターンが非常に増えているのです。これはなぜでしょ

う？　どうやら、食事の内容にその原因を解くカギがあるようです。

すい臓には、食べ物を消化し、十二指腸に送る役目などがありますが、日本人はもともと、このすい臓の遺伝子が弱かっただろうといわれています。今から４５０〜８４０年ほど前、室町時代や鎌倉時代の日本人の食生活といえば、めざしと麦飯、漬物にみそ汁くらいのものでした。肉や揚げ物など、油っぽい料理はほぼありませんでしたから、食物を消化するのにすい臓には負担がそれほどかかりませんでした。

ところが、この50年くらいの間に食生活が大きく変わりました。フライに唐揚げ、天ぷら、ステーキ、焼肉、ラーメン、ケーキ、パンなど……油のしたたるような料理を食べる機会が格段に増えたのです。その結果、これまでたいした働きをしなくてよかったすい臓は、突然、油を分解するためにフル稼働する必要に迫られました。今までたいして働く必要もなくのんびり暮らしていたのに、連日昼夜問わず働き続けることになりました。その結果、すい臓は疲弊し、最終的には細胞自体に異変を起こしてしまったのです。

今の世の中で、油っぽい食事をそれほどとらない人でも、歴史をさかのぼり「めざし」を食べていた時代の人と比較してみたらどうでしょう？　かなり油ものを食べている部類に属するでしょう。すい臓は酷使され、やがて細胞変異を起こし、ガン化へとつながっていったのです。

すい臓をつかさどる遺伝子は「トリプシン・インヒビター１」であることがわかっています。すい液に含まれる消化酵素トリプシンを制御する働きがありますが、これが弱いと、トリプシンが暴走をはじめ、たんぱく質を分解してしまうのです。フランスの研究で、あるすい臓が弱い家系の人たちを調べたところ、みな、「トリプシン・インヒビター１」が欠損したり、弱っていたりしたことがわかりました。この一族のほとんどがすい炎にかかったそうです。

日本ではまだこのような研究は進んでいませんが、おそらくそのような遺伝子がいくつかあると考えられています。

すい臓は胃の裏側、身体の奥のほうに位置しているので、なかなか診断も難しい臓器です。あるおばあさんは「胃が痛い」といって、診察にいらっしゃいました。ところが、胃カメラを撮っても、胃には異常がなくまったくキレイな状態でした。おかしいなと思い、念のためＭＲＩを撮ったところ、胃の裏側にあるすい臓がボロボロだった、ということがありました。おばあさんは「孫の喜ぶ顔が見たい」と、どうやら毎日のように孫の好物の揚げ物をつくっていたようなのです。そして、自身も同じものを食べていたところ、すい臓がやられてしまったのでした。
すい臓ガンのほか重症すい炎などは、現代医学が発達した今でも、きわめて救命率の低い病気です。元気であればあるほど、トリプシンやリパーゼなどの消化酵素も元気で、活発に自分で自分の体内のたんぱく質や脂肪を消化してしまうため、手遅れになることが多いのです。すべてのガンの5年生存率が62・1％であるのに対し、すい臓ガンは7・7％と格段に低くなっています。スティーブ・ジョブズや相撲の九重《ここのえ》親方（千代《ちよ》の富士《ふじ》関）、歌舞伎の坂東《ばんどう》三《み》津五《つご》郎《ろう》さん、ごく最近では野球の星野《ほしの》仙一《せんいち》さんが、若くしてすい臓ガンにより亡くなっています。

現状の人間ドックや検診では、すい臓の異変は見逃しがちです。遺伝性も高いですから、身内にすい臓ガンや乳ガンの方がいる場合は気をつけましょう。もし血液検査で「アミラーゼ」という、すい臓などから分泌される酵素のひとつの値が基準よりも高かった場合には、詳しく調べることをおすすめします。

ＡＢＣＤの４段階判定で「Ｃ（日常生活に注意しましょう）」程度の判定を下された場合、「Ｄ（再検査）ではないから大丈夫だろう」と見過ごしがちですが、ＭＲＩなどを撮って詳しく調べてみるほうがいいでしょう。すい臓にガン化する前のでこぼこができていたり、ブツブツがあって嚢胞《のうほう》ができていたり、真ん中の管が異様に太くなっていたりする場合も多く見られます。すい臓は進行も速いので、あやしい場合には半年に1度は検診を受ける必要があります。

ライフスタイルとしては飲酒、喫煙、そして脂肪分の過剰摂取がリスクとなっていますが、これは欧米でのデータが主となっています。日本では、この項の冒頭にお話ししたように、特に女性の場合、お酒もタバコもまったく経験がなく、さらに油の摂取も「人並み」であるにもかかわらず、結果的に末期のすい臓ガンが見つかったという悲劇が現場では山ほど見られます。暴飲暴食を繰り返しているなら理解できますが、ごく普通の、むしろどちらかといえば節制した生活を送っているにもかかわらず、すい臓ガンを発症する人が増えているという印象を受けます。

そう考えると、やはり「遺伝子」が関係しているのでしょうか。遺伝子は1000年以上ほとんど変化していませんが、食生活はここ50年で劇的に変化しました。室町時代や江戸時代に比べれば、脂肪分の摂取量は爆発的に増えており、その変化に従来の遺伝子がびっくりして変異を起こしているのかもしれません。これについては、今後も日本国内における独自の研究や調査が重要となってくるでしょう。

●お酒に弱い日本人は食道ガンになりやすい

東北大学の根《ね》本《もと》靖《やす》久《ひさ》教授の研究により、日本人でお酒に弱い人は食道ガンになりやすいことがわかっています。

お酒を飲むと、まず肝臓のアルコール脱水素酵素（ＡＤＨ）がアルコールを「アセトアルデヒド」に分解します。さらに、そのアセトアルデヒドはアルデヒド脱水素酵素（ＡＬＤＨ）によって酢酸に分解され、血液とともに体内を循環する間に炭酸ガスと水になります。そして、最終的には汗や尿などとなって体外に排出されます。

この「アセトアルデヒド」は、発ガン性もある有害物質で毒性があります。お酒を飲むと顔が赤くなるのも、二日酔いで頭が痛くなったり、吐き気をもよおしたりするのもこの物質が原因です。かつて、建築資材などに使用され「シックハウス症候群」などの問題にもなった「ホルムアルデヒド」の兄弟分ともいえるでしょう。

お酒に弱い人は、アセトアルデヒドを分解する「ＡＬＤＨ２遺伝子」が弱いため、アセトアルデヒドを酢酸に分解できないまま、血液中にため込んでしまいます。分解できないというのは、言い換えると「解毒できない」ということです。そして、アセトアルデヒドの毒が最終的に食道の粘膜を攻撃してしまうのです。

ＡＬＤＨ２遺伝子が強いか弱いかについては、毛髪を使って検査することができます。ＡＬＤＨ２遺伝子にはＮＮ型、ＭＮ型、ＭＭ型という３つの遺伝子型があります。そのうちのどれに当たるかを調べることで、自分のお酒の強さを判断することができるのです。お酒が飲めるタイプはＮＮ型、お酒は飲めるがすぐ顔に出るタイプはＭＮ型、お酒がまったく飲めないタイプはＭＭ型です。このＭＭ型の人は、食道ガンに気をつけたほうがいいかもしれません。

ＭＭ型の人は、お酒を十分に分解できず「アセトアルデヒド」という毒性物質が溜まりやすい体質を持っています。このため、飲酒を進めるとアルコールからアセトアルデヒドが過剰に生成され、食道粘膜に炎症が起こり続けることになります。その挙句の果てに細胞がおかしくなってガンが発生するのではないかと考えられています。

ところで、ＡＬＤＨ２遺伝子をはじめとする「解毒遺伝子」は、植物も持ち合わせています。けれど、植物の持つ「解毒遺伝子」は解毒以外に「免疫遺伝子」としての機能も果たすことがわかっています。

たとえば、2章で詳しくご紹介する「CYP遺伝子」という解毒遺伝子があります。人間にとっては、コーヒーのカフェインやタバコのニコチンの毒素を分解する役割を果たしますが、植物の場合には、それにプラスしてこの遺伝子自身がバクテリアやバイ菌をやっつけます。つまり、解毒遺伝子を使って毒を消すだけではなく、自ら毒を出して相手に攻撃を仕掛けるのです。「毒を以《もっ》て毒を制する」というわけです。

このように、動物と植物で、同一の遺伝子が異なる目的で使われていることもあります。

第2章　あなたを動かすさまざまな遺伝子

●浮気性は遺伝子のせい？

最近では、芸能界や政界などをはじめ、身近なところでも、「不倫」「浮気」の話題を耳にしますね。どうやらこれらも遺伝子が関係しているようです。

２０１４年には、オーストラリアのクイーンズランド大学の研究によって、「浮気遺伝子」が発表されました。７３７８人の男女のうち、１年以内に浮気をしたことが「ある」と答えた人（男性９・８％、女性６・４％）の遺伝子を調べたところ、女性の場合には「ＡＶＰＲ１Ａ」遺伝子に変異のある割合が平均より多いことがわかったのです。ＡＶＰＲ１Ａ遺伝子に変異のある女性は浮気や不倫をしやすいようです。ＡＶＰＲ１Ａ遺伝子は、脳神経で神経伝達物質のＡＶＰ（アルギニン・バソプレシン）を受け取る受容体をつくる機能を持っています。ネズミレベルの実験では、このＡＶＰが多かったり、受容体がよく働いたりするネズミは社交性が高く、一夫一婦制を好むことがわかっています。

また、このＡＶＰＲ１Ａ遺伝子の特定変異ＲＳ３３３４を持つ男性は、離婚を何度も繰り返したり、逆に生涯独身を貫いたりするといったように、なにかしら結婚に問題を抱えている割合が高いことがわかっています。

さらに、ＡＶＰＲ１Ａ遺伝子に変異のある人は、「音楽好き」に多く見られることがフィンランドのヘルシンキ大学の研究で判明しました。浮気や不倫に走りやすい遺伝子を持ち合わせている人は音楽に興味があったり、才能があったりする場合が多いというのです。たしかに、ミュージシャンに恋愛に奔放な人が多いように見受けられるのは、もしかするとこの遺伝子が働いているのかもしれませんね。

では、この遺伝子は後世に遺伝するものなのでしょうか？　これに関しては、残念ながら人体実験や臨床実験が難しいため、研究結果は出ていません。けれど、奔放なミュージシャンや俳優の子どもが離婚と結婚を繰り返したり、不倫を重ねていたりするのを見ると、血筋は関係あるようにも思えます。また、今は品行方正を保っている人でも、突然浮気の虫が騒ぎ出すという場合も考えられます。環境刺激によって、これまで眠っていた遺伝子が突然目覚める「酵素誘導」が起こることはわかっていますので、たとえば、これまでは真面目なお母さん側の遺伝子が活性化していた人も、あるとき突然、浮気性のお父さん側の遺伝子が目覚めて不倫に走る……ということもおおいに考えられます。

最近は、異性や恋愛に興味を示さない「草食男子」も多いようですが、環境ホルモンなどの影響でこの恋愛遺伝子がメチル化を起こして眠ってしまっているのかもしれません。

環境ホルモンは「内分泌攪乱《かくらん》物質」とも呼ばれますが、我々が暮らす環境中に存在している物質がまるで体内の「ホルモン」と同じように作用し、人間の身体の中の恒常性を攪乱するのです。

近年、我々の日常生活にはこのような物質があふれています。それらは石油から生成、合成されるものから発生したり、それらを焼却したりするときに「ダイオキシン」などの物質に姿を変えて、私たちの身の回りにあふれています。これらの環境ホルモンが、人間の体内にある本当のホルモンの邪魔をし働きを妨げることは、以前からいわれていました。最近では遺伝子を悪い方向に眠らせてしまい（メチル化）、人間に悪影響を及ぼすことが指摘されています。たとえば、セックスホルモンを邪魔したり、恋愛遺伝子を眠らせてしまったりするのです。その結果として、相乗的に〝草食男子〟を増殖させているのではないでしょうか。

余談ですが、「英雄色を好む」ということわざがあります。英雄は概して女好き、という意味でナポレオンや豊臣秀吉《とよとみひでよし》などはその例としてよく挙げられます。最近になって、このことわざが神経解剖学的に正しいことが証明されたのです。

脳の中の「視床下部」が刺激されると、「やる気」が生まれますが、それと同時に「性欲」も刺激されるのです。どうやら両者のニューロンが強烈につながっていると考えられます。つまり、やる気が次々湧いてくる男性は同時に性欲もどんどん生まれてくる、というわけです。やる気が湧けば湧くだけ、性欲も強くなる。だから野心家に好色が多い、ということでしょう。

現代は歴史上の人物のＤＮＡも見られる時代です。伊達政宗《だてまさむね》のＤＮＡを調べたところ、血液型がＢ型だったということもわかっています。そこからさらに一歩進めて、たとえば豊臣秀吉など歴史上「好色」といわれた英雄たちの遺伝子をのぞき、ＡＶＰＲ１Ａ遺伝子などに変異がないかどうか、ぜひとも調べてみたいものです。

●自分とかけ離れた異性に惹かれる理由

２０１５年に放映されたドラマ「恋仲」では、主人公が次のようなセリフをいう場面がありました。

「ＨＬＡ遺伝子は『恋愛遺伝子』と呼ばれているの。人は自分と異なるＨＬＡ遺伝子を持った異性に強く惹《ひ》かれるんだって。つまり、どうしようもなく惹かれ合う男女は遺伝子レベルで決まっていること。運命的でしょ?」

では、HLA(Human Leukocyte Antigen・ヒト白血球抗原)遺伝子は恋愛遺伝子なのでしょうか?

スイスのベルン大学のクラウス・ヴェーデキント博士が行った実験で、男性44人が数日着たTシャツのにおいを女性にそれぞれかいでもらい、「好みのにおい」を選んでもらいました。すると、女性は自分のHLA遺伝子ともっとも異なるHLA遺伝子を持った男性のにおいに魅力を感じるという結果になったのです。どうやら、自分とかけ離れたHLA遺伝子を持つ人の「におい」に魅力を覚えるようなのです。これはなぜでしょう?

「平氏遺伝子」でお話ししたように、血縁が近い結婚では遺伝的な病気を発症しやすく、遺伝子レベルでかけ離れているほうが強い子孫を残せることがわかっています。このことから、遺伝子レベルの働きで、自分となるべく違う遺伝子を持った人に強く惹かれ、好感度が上がるような仕組みになっているのではないでしょうか。このHLA遺伝子を使ったお見合いマッチングサービスや結婚相手紹介サービスも多数出てきているようです。

また、HLAはヒトの免疫にかかわる役割を果たしています。発見された当初は白血球のみに存在すると考えられていましたが、その後全身の臓器、つまり細胞や体液にもあることがわかっています。

ＨＬＡ遺伝子は両親から半分ずつ遺伝するため、たとえ親子や兄弟など近い血縁の人でも100％一致する可能性はほとんどありません。血縁のない者同士では、一致する可能性は実に数百分の一から数万分の一ともいわれています。白血病の造血幹細胞移植や腎《じん》不全による腎移植などの際、自分のＨＬＡの型に合わないものはすべて「異物」として攻撃を仕掛けるため、拒絶反応が起きてしまいます。そのため、移植前には事前にＨＬＡ検査を行い、なるべく型の近いドナーを探すのです。

身体はＨＬＡ遺伝子の近いものを選び、恋愛面ではＨＬＡ遺伝子がなるべく異なる相手に惹かれる。人間の身体は生き残っていくために、かなり緻密《ちみつ》にできているようです。

●かつて存在した？　ゲイ遺伝子

恋愛関係の遺伝子の話をもうひとつご紹介すると、20年くらい前には「ゲイ遺伝子」というものが発見されました。分子遺伝学のパイオニアといわれる、米国国立衛生研究所のディーン・ヘイマーがアメリカ屈指のゲイタウンとして有名な、サンフランシスコのカストロ通りに足を運び、ゲイの人たちのゲノムを調べたところ、Ｘ染色体上にこの「ゲイ遺伝子」があったというのです。発見された遺伝子は、ゲイ1、ゲイ2、ゲイ3……と名づけられたといいます。けれど、そのゲイ遺伝子を持っている人でも、それが発現せずに、「ヘテロセクシャル」つまり異性愛者という人もけっこう多かったため、ゲイになるのは遺伝子よりも環境によるところが大きいだろうという結論に達しました。現在では、この説は少し下火になっています。

カリフォルニア大学ロサンゼルス校（UCLA）の研究では、「すべての人はゲイ遺伝子を持ち合わせているが、その遺伝子のスイッチが入るかどうかで同性愛が発現するかどうかが決まる」という結果が発表されています。

歴史を振り返ってみると、日本には「男色」が当たり前という時代がありました。実際、いわゆる「両刀遣い」の人が非常に多かったようです。戦国武将の織田《おだ》信長《のぶなが》や徳川家康《とくがわいえやす》をはじめ、前田《まえだ》利家《としいえ》、福島正則《ふくしままさのり》など、そうそうたるメンバーがこれに当てはまります。また、新選組《しんせんぐみ》は1番隊から10番隊までありましたが、ゲイ番隊とそうでない番隊で派閥が分かれていてお互いに闇討ちなどをし合っていたのではないか、とか、沖田《おきた》総司《そうじ》はヘテロセクシャルだったけれど、武田観柳斎《たけだかんりゅうさい》は男色だったとかいう、都市伝説のような噂話もあります。

それらの真偽のほどはさておき、実際に武士同士の同性愛、少年愛を「衆道《しゅどう》」「若道《じゃくどう》」

と呼んでいました。「剣道」「茶道」などと同じく「道」と呼ばれるくらいですから、究める人も多く、かなり一般的だったのでしょう。

このように、幕末までは同性愛も非常に多かったようですが、戦時中になると、これが一変。陸軍や海軍では厳しく禁止されるようになります。以後、この流れが一般化し、一気に変わっていったといわれています。とはいえ、日本人の遺伝子は昔と今でさほど変わってはいませんから、おそらくこの遺伝子は現代の人たちの中にも眠っているのではないでしょうか。そして、なにかの拍子にその遺伝子が目覚める可能性もあるかもしれません。

ちなみに、豊臣秀吉だけは女色一筋で、同性にはまったくなびかなかったようです。あるとき周囲の人たちが面白がって、絶世の美男子をこっそり秀吉の部屋に忍び込ませておいたところ、秀吉は彼には目もくれず、一言「汝《なんじ》が姉か妹ありや」。つまり、「お前にはお姉さんか妹はいるか？」と聞いたそうです。筋金入りの女好きですね。

●子々孫々受け継ぐ「トラウマ遺伝子」

２００１年９月11日に起こったアメリカ同時多発テロ事件や、２０１１年３月11日に起きた東日本大震災など、世界のあちらこちらでは大きな事件、災害が起こっています。そして、そういった衝撃的な出来事は遺伝子に刻み込まれて、子々孫々に受け継がれていくことがわかっています。たとえば、アメリカ同時多発テロ事件の発生をお母さんの胎内で体験した子どもは、生まれてからほかの子どもにくらべて、ちょっとしたことにも過敏に反応しやすいそうです。

アメリカ・エモリー大学のケリー・レスラー博士らの研究によれば、「Olfr151」遺伝子がトラウマ遺伝子であることがわかっています。

ネズミの実験で、次のような結果が出ました。

あるオスのネズミに、サクランボのにおいをかがせながら、足に電気ショックを与えることを繰り返し、このにおいに恐怖心を植えつけました。その後、そのネズミをメスのネズミと結婚させ、生まれた子どもネズミたちにいろいろなにおいをかがせてみました。すると、その子どもネズミたちはほかのにおいには反応せず、ただサクランボのにおいにのみ強い恐怖を感じるようなしぐさを見せたのです。

その後、子どもの子ども、つまり元のオスネズミの孫にあたるネズミにも、同じようにサクランボのにおいをかがせてみました。すると、やはり同様に恐怖のしぐさを示したのです。

当然のことですが、ネズミの子や孫は、オスネズミの実験を行っている際には親ネズミの胎内に存在すらしていません。そもそも、メスネズミにはこの実験を行っていませんから、直接的な関与はないでしょう。また、子どもネズミ、孫ネズミに対して実験を行う前に、事前にサクランボのにおいをかがせるようなこともしていません。にもかかわらず、子どもや孫もサクランボのにおいに対して恐怖を示したのです。ということは、考えられることはただひとつ、親ネズミの精子の遺伝子に変化が起こったということです。

元来、生物の遺伝情報はＤＮＡに刻まれて子孫へと受け継がれていくものです。けれど、生活習慣やストレスなど、なにかしら刺激的な出来事が起こると、それが後天的に変化を起こして遺伝情報が切り替わってしまうのです。これを「エピジェネティクス」と言います。３章で詳しく紹介します。

実際、トラウマが遺伝すると、ほかの人が反応しないようなほんの些細《ささい》な刺激でも大きく反応してしまうことがあります。ストレスを感じると「コルチゾール」という副腎皮質ホルモンが分泌されますが、トラウマを受け継いだ人は、ほかの人には軽いと思われるストレスを受けただけでも、このコルチゾールが過剰に分泌されるのです。コルチゾールが多く分泌されると、「クッシング症候群」という病気にもなります。

「クッシング症候群」とは、ストレスホルモンであるコルチゾールが過剰に分泌されてホルモンバランスが崩れた状態のときに起こる病態で、血圧が上がりやすくなったり、肥満が増えたり、糖尿病が多かったりします。このような病態になるのには、トラウマ遺伝子が影響しているのかもしれません。

特に怖い思いをした記憶もないのに、なぜか高所恐怖症、閉所恐怖症、先端恐怖症だったりする方がいるでしょう。私の知り合いには、プチトマトやブルーベリーなど「小さくて丸いもの」が苦手という人もいます。これらの方々はもしかすると、ご両親か祖父母かが、過去に高いところや狭いところ、先のとがったものや小さく丸いものに対して恐怖を覚えるような出来事を経験したのかもしれません。

●白髪の人はガンになりやすい？

今から30年以上前のことになりますが、医学が統計学に頼っていた頃、まことしやかにいわれていたのが「白髪の人はガンになりやすい」という説でした。「白髪遺伝子イコール発ガン遺伝子」だと考えたのです。実際、当時は白髪と発ガン率に関して非常に高い頻度で相関することがわかっていました。論文を提出したら、楽々通ってしまうくらいのレベルです。

その後、世界中のガン研究者が「白髪の人はどのようにしてガンを発症するのか」というプロセスをこぞって研究しはじめました。ところが、いくら頑張っても「白髪の人がガンになるメカニズム」は見つけられませんでした。

結局、現在では、歳を重ねて白髪も増えるとガンになる確率が高まるだけで、相関性はない、ということが通説になっています。

このような統計的な〝まやかし〟というのはけっこう多く存在するものです。

たとえば、ゾウとライオンが一緒にいたとします。統計学の実験的な手法からすると、ゾウとライオンは同じような挙動をしているので、同じクラスターの仲間だという結果になります。しかし、本当にゾウとライオンは「仲間」でしょうか？　どう考えても違いますよね。実際には、正反対の「敵」同士です。単に、ライオンがゾウを「獲物」として後をつけ狙っているから、ゾウとライオンが同じ道筋をたどっているように見えるだけです。けれど、統計学的見地では、同じクラスターに分類されると同じ仲間と見なすのです。

似たような例が、スーパーマーケットのマーケティングなどでも見受けられます。たとえば、「同じフロアにおむつとビールを置くと、爆発的に売れる」という説です。おむつとビールには何の関連性もありませんが、統計的にはそういう結果が導き出されるのだそうです。

これはどういうことかというと、「おむつを買ってきて」と奥さんに頼まれたダンナさんが、スーパーマーケットにおむつを買いに行ったついでに、自分のビールを買い込んだ故の結果だったのです。これはまさに現場を見ないと確認できないことです。そして、そこにメカニズムはありません。

同じように、先の「白髪と発ガンの関係性」の場合も、臨床医が実際に目にしたことが元になっています。医学はまさに経験の学問で、統計学的な側面があります。たとえば、「この症状とこの症状が同時に見つかれば、この病気に当てはまる」と考えがちです。けれど本来は、それらに本当に相関関係があるのかどうかが重要になってくるのです。

いずれにしても、白髪と発ガンには相関関係がありませんでした。

ただ、「見た目」が若いほうが長生きする、という点については相関関係が見られており、北里大学の形成外科の塩谷《しおや》信幸《のぶゆき》先生が論文を紹介しています。まさに、見た目は「身体」そのものを表わすもの。ですから、見た目が若いということは、細胞自体も若いことのあらわれなのです。そう考えると、歳を経ても白髪になりにくく髪が黒い人のほうがガンにかかる率は少ない、ということはいえるかもしれません。

●長生きも家系から

「あの家は長生き家系だから」とか「うちは先祖代々短命だから」などという会話をよく耳にすることがありますが、長生きも遺伝によるものなのでしょうか？

　ギネスブックで世界一の長寿記録を保持しているのは、１２２歳まで生きたフランスのジャンヌ・カルマンさん（１８７５年２月21日～１９９７年８月４日）という女性です。確実な証拠がある中で唯一、大還暦（１２０歳）過ぎまで生きた人物といわれています。

　カルマンさんのご両親は、お父さんが93歳、お母さんは86歳まで生きました。ちなみに、カルマンさんのご両親がご存命だった19世紀前半のフランスの平均寿命は約37歳だったそうですから、おふたりは相当な長寿だったといえるでしょう。また、カルマンさんのお兄さんも97歳まで生きましたから、カルマン兄妹はご両親の「長寿遺伝子」をしっかりと受け継いだと考えられます。

　では、ジャンヌ・カルマンさんの子孫も長生きしたでしょうか？　答えは「ＮＯ」です。カルマンさんは長寿とはいえない夫（74歳で死亡）と結婚したこともあり、子どもは36歳の若さで亡くなっています。ひとりいた孫も36歳のときに事故で亡くしています。

長寿は遺伝もおおいに関係するといえますが、両親がそろって長寿遺伝子を持ち合わせていないと、子孫には受け継がれないようです。ですから、長寿家系を築きたいなら、結婚相手のご両親やご先祖様が長生きかどうかを調べてみる必要がありそうです。

日本は世界トップの長寿国ですから、ご長寿の方々の遺伝子を調べたら、おそらく「長寿遺伝子」を持ち合わせている割合が高いのではないでしょうか。

しかし現在、国内外で長寿遺伝子探索の研究が進んでいますが、ネズミなどの動物レベルで候補遺伝子が挙がっても、人間では実証や証明ができていないのが現状です。残念ながらヒトレベルで「これがあれば、絶対に長寿になる！」と断言できる遺伝子はいまだ見つかっていないのです。今後、ヒトの全ゲノム解読が進むにつれて、新たな発展が見られるのではないでしょうか。

●「小さく産んで大きく育てる」の新たなる問題

妊娠・出産において、最近では「小さく産んで大きく育てる」というような風潮があるようです。妊娠中はあまり体重を増やしすぎず、子どもは小さく産む。出産後にしっかりと栄養を与えて大きく育てるのがいいとされています。けれど、妊婦さんが貧困だったり、十分な栄養が足りていなかったりする場合、生まれてくる子どもが将来、心疾患や生活習慣病を発症する率が高いことがわかっています。

日本におけるこの分野の第一人者である早稲田大学の福岡秀興《ふくおかひでおき》教授によれば、出生時の体重が２５００ｇ未満の低出生体重児は、成人してからメタボリック症候群や糖尿病、高血圧、脳梗塞《こうそく》、高脂血症、神経発達障害、心疾患などを発症する率が高いことがわかっています。この原因としては「倹約遺伝子」が働くことが挙げられています。

お母さんの胎内にいる時期に、胎児に十分な栄養がいきわたらないと、胎児の身体の中では「倹約遺伝子」がフル稼働をはじめます。たとえ低栄養状態でも生きていけるよう、いってみれば体内の働きが「省エネモード」に切り替わるのです。

その結果、胎児の体内において酵素や生理活性物質などのバランスが通常時とは大きく変わり、エネルギーをため込みやすい体質に変化します。一度、胎内でこの体質に変化すると、出生後にたとえ栄養状態がよくなったとしても、体質は改善しません。

「倹約遺伝子」は別名「肥満遺伝子」ともいいます。倹約、つまり少量でも発達栄養分をため込む、いってみれば「燃費のいい」体質を持っていますから、生まれてきた子どもは太りやすくなります。それが将来、生活習慣病の発症につながるのです。

第二次世界大戦末期に、オランダでは厳しい食糧難が起こりました。そのとき妊娠中だった母親から生まれた子どもの多くは、のちに生活習慣病を発症していることがわかっています。

日本では１９７８年以降、低出生体重児が年々増加傾向にあり、２００８年には出生児の約10％が低出生体重児だったそうです。妊婦さんのやせ願望が強く、妊娠中でもカロリー摂取量が極端に少ないことがその大きな原因となっているといいます。

栄養不足で小さく生まれ、「倹約遺伝子」を持って生まれた赤ちゃんに対し、お母さんは「小さく産んで大きく育てよう」と、どんどん栄養を与えます。このため、赤ちゃんは出産後に突然栄養過多の状態になり、肥満状態になるのです。昔の貧しかった時代には、胎内での栄養もそれほど高くありませんでしたが、生まれたあとも栄養を十分に与えられなかったので、出生後に赤ちゃんの体重が急激に増えることがありませんでした。そのため、出産後に新生児が肥満になるリスクも少なかったのです。けれど、今は胎内では栄養不足で、生まれてから急激に栄養を与えられるので、一気に肥満や病気のリスクが高まってしまいます。

胎児期や幼少時での貧困が長いと手遅れになり、一度、倹約遺伝子が目覚めてしまうと対抗策を取ることは難しいそうです。ただし、ネズミレベルでは子どもの頃から糖尿病の治療を開始することで改善に向かうことがわかっています。

とはいえヒトレベルでは、倫理的な問題からネズミに行ったのと同じ治療を開始することはなかなかハードルが高いでしょう。というのも、特に小児期の人体実験は、発達や成長の問題をはじめ、その後の人生に多大な影響を与えるため、慎重にならざるを得ないからです。福岡教授の話では、今後どの程度人体実験が許されるのかについては、いまだに検討中の段階ということでした。

●生まれたあとに遺伝子が変わる？

お母さんの胎内での栄養が大切なことは先ほどお話ししましたが、最新の研究では、人の遺伝子は生まれる前と後で大きく変わることがわかっています。

福岡教授によれば、生活習慣病に関係する遺伝子の働きを調節する仕組みは、受精してから胎内にいる間、そして生後１年までの間に決まるといわれています。

生まれる前の栄養はもちろん大切ですが、生まれたあとは栄養だけでなく、親からの愛情や接触もまた重要になります。これが不足すると、病気にかかりやすくなったり、発達障害などが起こりやすくなったりするのです。その理由を考えてみると、どうやら遺伝子が眠ってしまい、機能しなくなる「メチル化」という現象が起きてしまうようなのです。マウスでの実験では、生まれたばかりの赤ちゃんマウスをお母さんと引き離して過ごさせると、このメチル化が起こり、遺伝子がきちんと機能しなくなることがわかっています。

この、生まれる前の環境と生まれてからの生活習慣の2段階の現象が「引き金」となって、生活習慣病などの病気を発症するという学説を「ＤＯＨａＤ説」（生活習慣病胎児期発症起源説）といいます。

では、こういった現象を防ぐためにはどうすればいいでしょうか？

福岡教授によれば、胎児や乳幼児の遺伝子のメチル化を予防するには、ビタミンB_{12}や葉酸が大切だといいます。葉酸という名前はあまり耳慣れないかもしれませんが、かつてはビタミンB_{9}といわれていました。レバーやホウレンソウやブロッコリーなどの緑黄色野菜、葉野菜、枝豆などの豆類に含まれています。早産や先天性心疾患、自閉症などのリスクを低下させるともいわれています。動物実験では、低栄養の親動物に葉酸などの必要な栄養素を与えたところ、肝臓や脳など遺伝子の変化が正常化したという結果もあります。

また、ビタミンD不足もいわれています。最近の方々は日焼けや紫外線を気にするあまり、太陽の光を浴びる機会が少なくなり、その結果、皮膚でのビタミンD合成がとても減っているそうです。赤ちゃんの骨の形成にビタミンDは必須《ひっす》ですから、母子ともに適度な日光浴を心掛けたほうがいいようです。

●ビタミンCを吸収しやすい人、しにくい人

最近、同じようにビタミンCを摂取しても、人によってその「効き」が異なることがわかってきました。ビタミンCを細胞内に運ぶSVCT1、SVCT2という遺伝子がありますす。SVCT1はビタミンCの最大取り込み速度がSVCT2よりも高く、体内のビタミンC濃度を一定に維持する役割を果たします。肝臓や肺、腎臓、腸、皮膚などにあることがわかっています。SVCT2はSVCT1より親和性が高く、低濃度のビタミンCを効率的に取り込む役割を担っています。脳や目、肝臓にあることがわかっています。体内では、このようにいくつかの遺伝子や道具を使って、いろいろな内臓にビタミンCを運ぶ際に、微調整を行っています。料理で使用する計量スプーンに小さじ1／4、1／2、1、大さじ1などがあり、レシピによってスプーンを使い分けますね。この計量スプーンと同

じ役割を果たすのが、これらの遺伝子です。そして、ＳＶＣＴ１、ＳＶＣＴ２遺伝子の壊れている場所によって、ビタミンＣの吸収がよくなったり悪くなったりするのです。

同じ量のビタミンＣをとった場合、吸収しやすい遺伝子を持っている人はそれがすんなりと細胞に取り込まれるため、ビタミンＣの効果をきちんと享受できるでしょう。けれど、ビタミンＣを吸収しにくい遺伝子を持っている人は、すんなりと細胞に入っていかず、ビタミンＣの効果があまり感じられないのです。これにはいくつかの理由が考えられます。細胞のトランスポーターがうまく働かず、血液中には入ってくるけれど、細胞までは取り込まれないという場合もありますし、腸管で吸収されにくいということもあるでしょう。また、血液の中で代謝され壊れてしまう、というケースも考えられます。

また、この遺伝子が欠損している部位によって、ビタミンＣの吸収には違いはないものの、胃ガンや早産、緑内障などの病気に関係するのではないか、ということがわかってきています。ＳＶＣＴ１、ＳＶＣＴ２遺伝子に関する研究は、ポーランド、アメリカ、カナダをはじめ世界各国で進んでいますが、まだまだわからないことも多く、これからが期待されます。

もしこれまで、「ビタミンＣをとっているのに、その効果が今ひとつ感じられない」と感じている方がいるとしたら、もしかするとビタミンCを吸収しにくい遺伝子の持ち主なのかもしれません。同じ栄養を取り入れても、その吸収の度合いには個人差があります。「基質が多いと反応が次々進む」（化学平衡の法則）というのは、宇宙の基本法則です。栄養が効かないと感じる場合には、より多く摂取してみましょう。

今後はオーダーメイド医療が発達し、自分の遺伝子や体質に合った方法を見つけられる時代になっていくでしょう。手軽に自分の遺伝子を解析できるようになったら、自分が栄養分を吸収しやすい遺伝子を持ち合わせているかどうかがわかり、より効率的に健康管理ができるのではないでしょうか。

●コーヒー好きはタバコ好き？

ひと昔前のテレビドラマには、タバコをぷかぷかふかしながらコーヒーを何杯も飲む新聞記者や刑事などが、よく出てきました。このように、タバコとコーヒーはどこかセットのように見られることも多いのではないでしょうか。

実は、遺伝子では、タバコ好きな遺伝子とコーヒー好きな遺伝子がまったく同じであることがわかっています。

「CYPの1A2」という遺伝子は解毒遺伝子で、刺激物を解毒・分解します。この遺伝子が強い人は、タバコのニコチンも、コーヒーのカフェインもいくらでも代謝できる体質なのです。だからタバコもコーヒーも抵抗なくいけるというわけです。解毒遺伝子が働くということはつまり、体内ではタバコやコーヒーは外から入り込んできた「異物」として認識されている、ということですね。

タバコを吸うとニコチンを代謝するためにCYPの1A2遺伝子がどんどん活性化していきます。同時にコーヒーのカフェイン代謝もどんどん活性化していくため、もとはコーヒーのカフェイン代謝が遅かった人もカフェイン代謝が速くなることがあるのです。

一方、この遺伝子が弱い人は、コーヒーを少し飲んだだけでも胸焼けがしたり胃もたれしてしまったりしがちです。また、多くの場合、タバコが苦手です。かくいう私もコーヒーを飲むと頭が痛くなって、夜眠れなくなる体質なので、おそらくこのCYPの1A2遺伝子が弱いのでしょう。タバコも苦手です。ちなみに、私の父はかつてタバコもコーヒーも大好きでしたが、タバコをやめたらコーヒーをまずく感じるようになり、代わりに紅茶がおいしいと言い出しました。なにか共通点があるのかもしれません。

では、お酒はこの解毒遺伝子に代謝されないのでしょうか？

お酒はまた別の「ＡＬＤＨ１」、「ＡＬＤＨ２」という遺伝子によって、タバコやコーヒーとは異なる異物として認識されています。35億年ほど前、人間がバクテリアや単細胞生物だった時代には、お酒は栄養源でした。我々の先祖は、アルコールからエネルギーを摂取し、元気になっていたのです。ですから、お酒は完全な毒ではありません。それが証拠に、細胞培養を行う際、アルコール殺菌をするのですが、10～20％程度の低濃度のアルコールで殺菌しようとすると、バクテリアは死滅するどころか、逆にアルコールから栄養を取り入れて繁殖してしまいます。

はるか昔のご先祖様はアルコールが栄養源だったという話は、酒飲みの方にとってはなんとも喜ばしい話、いや、いい酒のつまみになるのではないでしょうか。

●自閉症遺伝子の隣に潜む「天才」の芽

最近では、さまざまな発達障害に関して、遺伝子との関連性が考えられています。特に、アスペルガー症候群などを含む「自閉症スペクトラム障害」については、家系や親子の遺伝などの可能性も否定できない状況です。

また、２０１７年8月には、理研の研究により「自閉症遺伝子」が発見されました。

「NLGN1」という遺伝子が自閉症に関与していることがわかったのです。

自閉症だったと思われる有名人は過去にも、そして現在も大勢います。たとえば、レオナルド・ダ・ヴィンチや、ガリレオ・ガリレイ、グラハム・ベル、ベートーベン、エジソン、アインシュタイン、ゴッホ、織田信長、ウォルト・ディズニー、最近で言えば、スティーブ・ジョブズ、ビル・ゲイツなど、枚挙にいとまがありません。そして、ご存じの通り、彼らはいずれも偉業を成し遂げています。

たとえば、アインシュタインは計算ができませんでした。物理学者に計算障害があるのは、普通に考えれば致命的なことでしょう。にもかかわらず、彼は本来計算なくしては語れないような、相対性理論という世紀の大発見をしたのです。

また、ウォルト・ディズニーは多動性で注意力欠如だといわれましたが、逆に注意力がありすぎたら、あのようにすばらしく壮大なディズニーワールドを繰り広げることはできなかったでしょう。

実は、コミュニケーション障害も、逆にいえば、「他人に惑わされず、自分に没頭できる体質」と言い換えることもできます。エジソンが99回の失敗にめげることなく発明を続けることができたのもこの体質によるものでしょう。耳がまったく聴こえず、そればかりか実は弱視のため目もほとんど見えなかったといわれるベートーベンが、周囲の批判に心折れることなく作曲にいそしむことができたのも、すべてこの能力の賜物《たまもの》といえるのではないでしょうか。

欠落した能力や領域のすぐ近くには、実は思わぬ天才的な能力が潜んでいる可能性があるのです。我々も不得意な分野や「能力がないな」と思えることがあったとしてもあきらめる必要はなさそうです。もしかするとその隣に大きな「宝物」が潜んでいるかもしれないからです。

●温泉は長生きのもと？

日本人は温泉好きの方が多いですね。かくいう私も温泉が大好きです。好きが高じて、「温泉健康指導士」なる資格まで取得してしまいました。ある飲料のテレビコマーシャルでは、宇宙人に扮《ふん》した外国の俳優さんが、温泉に浸《つ》かりながら、「生き返る〜」としみじみつぶやいていましたが、温泉は心身ともによみがえらせてくれる作用がある気がします。

そして、それは遺伝子レベルで作用しているのではないかといわれています。

遺伝子は温度刺激によっても変わります。温めるとヒートショックプロテインといわれるたんぱく質をつくる「HSP70」という遺伝子が活性化し、リプログラミングされるのです。日本での数万人を対象にした調査では、温泉に限らず、湯船に毎日浸かると健康寿命が延び、寝たきりになる時期が遅れることがわかっています。

ガン細胞は正常な細胞よりも熱に弱く、42・5度で死ぬことがわかっています。その特性を利用したのが、「ハイパーサーミア」と呼ばれる温熱療法です。人間は多細胞生物なので、正常な細胞はお互いに助け合ってギリギリ生き残ります。一方、ガン細胞は孤立し、やがて42・5度を超えると死んでしまうのです。「ハイパーサーミア」は科学的にも証明されており、保険適用が効く療法です。

ガンを死滅させたいなら、42・5度のちょっと熱めのお湯を、代謝促進や健康増進の目的であれば38〜42度程度のお湯と、用途に応じて温度を変えてみるのもいいのではないでしょうか。ただし、くれぐれも高温のお風呂《ふろ》に浸かりすぎて「湯あたり」などを起こさないよう、お気をつけください。

●「アルコール依存症」にも遺伝子が働いていた

飲まずにはいられない……。アルコール依存症に関連する遺伝子が、最近では次々と発見されてきています。

「アルコール依存症遺伝子」の黎明《れいめい》期には、「オピオイド受容体」の変異がアルコール依存症に関連するといわれ、それが創薬につながっています。私の知人がかつて携わっていた次のような実験があります。オピオイド受容体を壊したネズミの前にアルコール瓶を置いたところ、アルコールを延々と飲み続けて、次第に酩酊《めいてい》状態となり、最後には心停止してしまったというものです。

最近の医療では、精神の安定や睡眠などに関連する中枢神経の伝達物質・セロトニンの「５－ＨＴ３受容体」が、アルコール依存症に関係するとして注目されています。

５－ＨＴ３受容体が阻害されると体内のアルコールと水を選別する能力が低下し、アルコール中毒症状になるのではないかといわれています。そしてこの５－ＨＴ３受容体に働いて、セロトニンの働きを阻害する「オンダンセトロン」という薬が、いわゆる「アルコール依存症」の飲酒行動を減少させることがわかっています。特に、若くしてアルコール依存症を発症した人に効果を発揮するということです。

●みんなのあこがれ？　若返り遺伝子

長寿遺伝子、若返り遺伝子として注目を浴びたものに「サーチュイン遺伝子」があります。空腹状態や、赤ワインの成分であるレスベラトロールをとることで活性化すると発表されました。アメリカではサーチュインに関連して、レスベラトロールのサプリメントが大ヒット商品にもなりました。

しかし、現在では、「サーチュイン遺伝子」の効果はかなりまゆつばものといわれています。というのも、ネズミレベルではかなり研究が進み、その効果が認められたものの、ヒトレベルではいまだに証明されていないからです。ネズミと人間では8割がた遺伝子が同じですが、身体のメカニズムは異なっているので必ずしも当てはまるわけではありません。人間の場合には、「ジャンクＤＮＡ」「ノンコーディングＲＮＡ」といわれる箇所が働いて、より高度な動きが可能になっています。ですから、それらの働きを無視して、「ネズミに当てはまったから、人間にもいける」と考えるのは、やや早計のようです。

●「しゃべりの上手下手」にも遺伝子が関係する

「私は人前で話をするのが苦手で……」「発声練習をしても滑舌が今ひとつよくならな

い」という人は多いと思います。もしかすると、実はこれも受け継いだ遺伝子によるものかもしれません。

２００２年、Nature 誌で発表された研究によれば、言語に関する遺伝子のひとつにＦＯＸＰ２遺伝子が挙げられます。この遺伝子は、ヒトの言語発達に直接関連づけられた初めての遺伝子です。パキスタンのＫＥ家という家系ではその半数の人たちが言語障害を患っています。その割合の高さからＫＥ一家の遺伝子を調べたところ、みなＦＯＸＰ２遺伝子のＤＮＡ配列が通常の人と1文字だけ異なっていたのです。どうやら、それが言語障害の原因のようです。もちろん、ＦＯＸＰ２遺伝子だけが言語にかかわる遺伝子ではありませんが、それが言葉や発声に大きくかかわっていることはたしかです。

人間とチンパンジーを比較すると、ＦＯＸＰ２遺伝子のＤＮＡ配列はたった2文字しか異なりません。にもかかわらず、人間は言葉をしゃべり、一方チンパンジーは言葉をしゃべりません。また、ネアンデルタール人は我々と同じＤＮＡ配列を持っていたことがわかっていることから、ネアンデルタール人も話ができた可能性は高いでしょう。このＦＯＸＰ２遺伝子は脳の発達にもかかわり、自閉症や難読症を引き起こす原因になるとも考えられています。

話し方は鍛えればうまくなる、しゃべりが下手なのは努力が足りないからだ、とつい考えがちですが、もしかすると遺伝子に由来するものかも？　と考えると少しは心が軽くなりませんか。遺伝子レベルでは、人もネアンデルタール人も話すレベルは同じです。しゃべりは才能というより、言語に関する遺伝子が眠ってしまっているだけかもしれません。

私の弟は、父が亡くなった後、そのショックからか、突然父のように非常に饒舌《じょうぜつ》になりました。その変貌《へんぼう》ぶりに驚いたものです。父が亡くなったことが刺激になり、眠っていた遺伝子が起きたのでは？　と勝手に私は思っています。

●残業は遺伝子までも疲弊させる

ここのところ、残業による過労死が話題にのぼります。「働きバチ」といわれるように、日本人は残業が止められません。しかし、残業はどうやら人間の身体や神経のみならず、遺伝子までも疲弊させるらしいことがわかってきました。

ＤＮＡチップ研究所が、週42時間以上残業している「過重労働」の人たちを対象に、残業が非常に多い時期とそうでない時期とで免疫細胞の遺伝子を比較して調べました。すると、残業が多いときにのみ見られる特異的な遺伝子が見つかったのです。残業状態によって変動する遺伝子の発現です。仕事で忙しいとき、たとえば締め切りや納品日が迫っている場合などには、緊張やストレスを覚えることも多いでしょう。そのようなときには交感神経が働き、アドレナリンが分泌されます。その際、免疫細胞の中にもある特定の遺伝子が発現するようなのです。

これまで、残業等による疲労感をはかる方法としては、２０１５年12月より労働者が50名以上の企業を対象に義務化された厚生労働省の「ストレスチェック制度」がメインでした。各人にストレスに関する質問票に答えてもらい、その結果からその人のメンタルを測定するものです。けれど、似たような質問が繰り返し出てきます。「さっきと同じ質問だから、これも『いいえ』にしておこう」などと答えを操作するのは簡単でしょう。けれど、残業遺伝子ならば、たとえ本人が申告しなくても「遺伝子」が残業で疲弊していることをきちんと知らせてくれます。そう考えると、今後はさらに研究を進めることによって、残業が原因で発病する、たとえばうつ病などの早期発見にもつながるかもしれません。

ある職種の方は、この残業遺伝子が常に発現していることがわかりました。それはシステムエンジニア（ＳＥ）の人たちです。24時間納品日に間に合わせるべくパソコンと格闘している方々は、遺伝子レベルでも常に残業している感を覚えているのでしょうか。お気を付けください。

●ノーベル賞を受賞した「時計遺伝子」

2017年のノーベル医学生理学賞は「時計遺伝子」に関する研究でした。時計遺伝子とは、概日リズム（体内時計）に関係する遺伝子群で、その数はおよそ40000〜50000ほどです。時計は各内臓をはじめ、60兆個以上ある細胞すべてに組み込まれていて、それらをとりまとめて指令を出す「主時計」が脳の視床下部内にあります。そしてこれらが狂うと、「体内時差ボケ」が起こり、ひいては生活習慣病や精神疾患、老化など、健康に大きく影響を与えることがわかっています。

この時計遺伝子を正確に作動させるにはどうすればいいでしょうか？

第一に、朝、太陽の光をしっかりと浴びることが大切です。時計遺伝子は24〜25時間周期なので、そのままだと1日の長さ（24時間）との間に少しずつ時差が生じます。けれど、朝日を浴びることによりリセットされるのです。

夜中のドカ食いも体内時差ボケを引き起こす要因となります。ですから、夕食は早めに軽くつまむ程度に。小腹がすいたら早い時間なら間食もいいでしょう。コーヒーや緑茶など、カフェインを含む飲み物を夜に飲むのも控えましょう。夜中にパソコンやスマホをいじる人もいるかと思いますが、これも体内時計を狂わせる要因になります。明るい光が目から入ってくることで、体内が昼間と勘違いしてしまうのです。

ごく最近の研究によれば、朝、たんぱく質を取るとよく働く時計遺伝子があることがわかっています。そして、この「時計遺伝子」の働きと２０１６年のノーベル医学生理学賞を受賞した「オートファジー」とには密接な関連があります。２０１６年のノーベル医学生理学賞は、東京工業大学の大隅良典《おおすみよしのり》栄誉教授が受賞した「オートファジー」です。これは、不要なたんぱく質を分解し、新たに必要な細胞に作り替える細胞内の自浄作用（細胞内リサイクルシステム）です。この機能を高めるのが「断食（ファスティング）」であるといわれてきましたが、朝にたんぱく質を取ることが、時計遺伝子の働きのみならず、オートファジーにも効くことが新たに判明しました。朝、たんぱく質を摂取すると時計遺伝子が働いて、体内にもキレイなたんぱく質が取り込まれます。そのことにより、オートファジー効果が増強される、つまり、細胞の浄化、リサイクルがより促進されることが証明されたのです。

このように、朝はしっかり太陽の光を浴びて、朝食をしっかりとることが、遺伝子レベルでも重要であることがよくわかるかと思います。

●花粉症も遺伝子がかかわっている

目がかゆい、鼻水が止まらない、眼鏡とマスクが手放せない……。年々花粉症に悩まされる日本人の数は増えているようです。やや古いデータですが、２００８年には、全人口の約29・８%がスギ花粉症と発表されています。人口を1億２８００万人と考えると、その数は実に３８１４万人にものぼります。毎年季節になると、連日ニュースで「今日の花粉量情報」が発表されるなど、もはや「国民病」のひとつともいえるでしょう。

体内にはこの「花粉症」に関連する遺伝子が存在します。そして、「花粉症になりやすい」遺伝子は、花粉症を発症する半年前からすでに活性化していることがわかったのです。それらの遺伝子には、炎症に関わるものや細胞伝達に関係するものなどがあります。そして、アレルギーに関係のある「ＩｇＥ受容体」の遺伝子が変異することが最終的に炎症の悪循環を引き起こしているのではないか、という仮説が提唱されています。

西洋には「今日の1針は明日の10針」ということわざがありますが、まさに花粉症に関しても、今日の「１針」である予防医学が非常に重要です。春先より前の、いわゆる花粉症の「オフシーズン」にこの花粉症遺伝子のチェックを行うことで、未然に花粉症の発症が予防できます。あるいは、花粉症の発症を予測して早めに治療を行うことで、症状が軽くなったり、回復が早まったりするでしょう。

日本での花粉症による経済損失は、実に数兆円ともいわれていますから、医療費の削減にもつながるはずです。

●「未病」の段階から遺伝子は警告を発している

なんとなくだるい、食欲がなくてどうも元気が出ない……けれど、血液検査をしてもどこも異常がない。このような状態をいわゆる「未病」といいます。そして、血液中にはなんら問題がないように見えても遺伝子レベルではある異変が起こっていることが、最新の研究でわかっています。これは国内外で初めての報告です。

日本未病システム学会の金澤武道《かなざわたけみち》先生と共同で、ある研究を行いました。ある男性が倦《けん》怠《たい》感や食欲低下を訴えて来院しました。ところが一般の人間ドックなどで調べる検査はすべて正常値の範囲内。貧血もなければ、肝機能も悪くない。腎臓も大丈夫だし、コレステロール値も高くない。何ひとつ問題ない結果が出ました。

ところが、その方の遺伝子8000種類を治療前と後で比較して調べたところ、23・1%の遺伝子変化が見られました。つまり、未病の場合、血液中に変化が見られなくても、遺伝子レベルではすでに20%以上異変をきたしていたのです。この男性は、血液をサラサラにするための治療と約1週間のステロイド投与により体調は回復。元気になりました。

そう考えると、この〝なんとなく〟の状態は、気のせいでもなんでもなく、実は身体からの「SOS」であることがわかります。早期発見をすれば大事に至る前に治る可能性も格段に高まるでしょう。この遺伝子レベルでの検査が一般的になれば、病気の早期発見に飛躍的な発展が見られるのではないでしょうか。

●顔の造作を決める「顔遺伝子」

遺伝子の中には、「顔」の造作に関係する箇所もあることがわかっています。

日本では難病に指定されている「ウィリアムズ症候群」という病気があります。この病気は7番染色体の一部が壊れていることが原因です。若干知的障害もありますが、誰にでも愛想がよく、人懐っこくて知らない人にも饒舌に話し、音楽好きという共通点がありますす。そして、世界共通で、みな顔が似通っているのです。そこから、7番染色体には顔をつかさどる「顔遺伝子」がコードされているのではないかと考えられています。

ほかには、ダウン症という症状がありますが、これは21番染色体が３本あることが原因です。ダウン症の人たちも世界共通で似たような顔立ちをしています。ということは、21番染色体もやはり顔遺伝子のひとつと考えられるでしょう。

第3章 遺伝子は鍛えられる――エピジェネティクス

●エピジェネティクスとは何か？

ここまでつらつらと日本人の遺伝子に関することをお話ししてきました。日本人は遺伝子的に見ると、太りやすいし、病気にもなりやすい民族であることがわかっています。

にもかかわらず、日本の平均寿命は女性で87・14歳、男性は80・98歳で、香港に次いで世界2位です（平成28年厚生労働省「簡易生命表」）。また、自分で自立して過ごせる「健康寿命」は世界一となっています（女性74・21歳、男性71・19歳、２０１３年時点）。

これはどういうことなのでしょう？

一言でいうと、遺伝子だけでは説明がつかない「エピジェネティクス」によるものなのです。

では、このエピジェネティクスとはどのようなものでしょう。

「ＤＮＡの塩基配列の変化をともなわずに、染色体における変化によって生じる、安定的に受け継がれうる表現型である」と仲野徹《なかのとおる》先生著の『エピジェネティクス』には書かれています。

わかりやすくいうと、先にもお話ししたように、体内には「生命の設計図」であるＤＮ

エピジェネティクス（DOHaD説の分子機序）

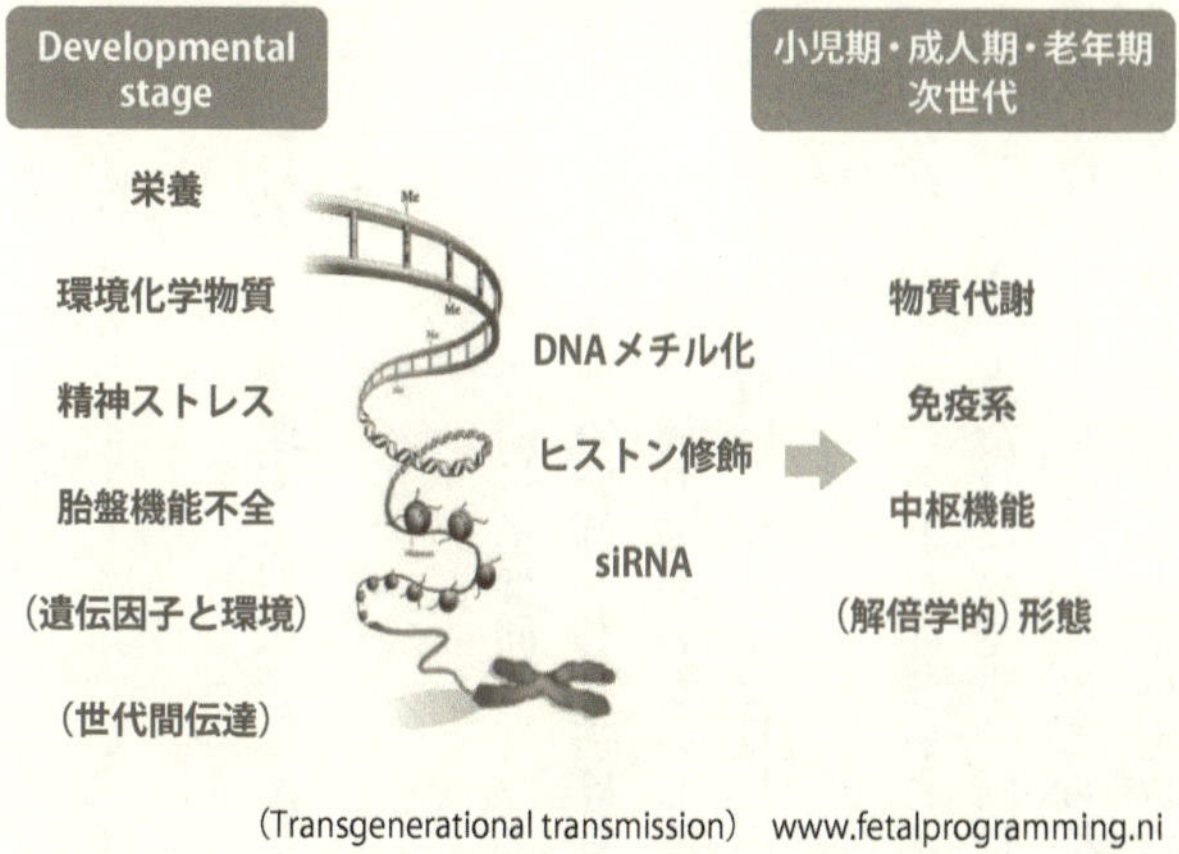

出典／早稲田大学ナノ・ライフ創新研究機構 規範科学総合研究所 福岡秀興氏

Ａ情報があります。そこからいろいろなものがつくられていくわけですが、実はその設計は状況や環境に応じて変化することがあります。設計図上にある遺伝子をオンにしたりオフにしたりと、操作することが可能なのです。その調整を行うのが「エピジェネティクス」です。そして、それらは子々孫々にまで受け継がれていきます。

つまり、何事も遺伝子のみによらない、後天的な要因によって遺伝子は変えられる、ということです。もしくは「遺伝子は鍛えられる」とも言えるでしょう。

ですから、「ガンは遺伝だからどう

しようもない」「どんなに頑張ったって、バカは遺伝だから……」とあきらめる必要もありません。エピジェネティクスによって、ガン遺伝子をオフにすることも可能だというわけです。

ここからは日本人に関連する遺伝子とエピジェネティクス事情について、ご紹介していきたいと思います。

●女王バチと働きバチの遺伝子は同じ

エピジェネティクスのいい例として挙げられるのが、女王バチと働きバチです。大きな女王バチとその周りでかいがいしく働く働きバチ。体格も違えば、身分も大きく異なります。けれど、遺伝子レベルで見てみると、両者はまったく同じ遺伝子を持ち合わせていることがわかっています。

では、何が違うのか？　それは生まれたあとに「ローヤルゼリー」をエサとして育てられたかどうかという1点だけなのです。同じ遺伝子の卵から孵化《ふか》したミツバチの幼虫はみな、3日間一様にローヤルゼリーを与えられます。けれど、4日目以降は女王バチとなる1匹の幼虫だけがローヤルゼリーを与えられ続け、働きバチとなる幼虫は蜜《みつ》で育ちます。

その結果、女王バチは働きバチの２～３倍の大きさになり、寿命は働きバチが１カ月程度であるのに対し、女王バチはなんと約４年と、実に約50倍も長生きするのです。そして、死ぬまで毎日、多いときで１５００～２０００個の卵を産み続けます。

どうやらローヤルゼリーには、ミツバチを働きバチにする遺伝子を抑制する働きがあるようです。それを行うのが、ＤＮＡメチルトランスフェラーゼ３（Ｄｎｍｔ３）です。ある実験で、生まれたばかりのメスの幼虫においてこのＤｎｍｔ３の発現を抑えたところ、ローヤルゼリーを食べさせなくてもみな女王バチに成長しました。

昔から「医食同源」と言われていますが、栄養が細胞レベルにおいても重要であることが科学的に解明されつつあります。

●ガンと寿命の関係

日本で罹患《りかん》数の多いガンは、男性は１位胃ガン、２位肺ガン、３位大腸ガン、女性は１位乳ガン、２位大腸ガン、３位胃ガンとなっています（２０１３年）。

死亡数の多いガンは、男性は１位肺ガン、２位胃ガン、３位大腸ガン、女性は１位大腸ガン、２位肺ガン、３位すい臓ガンです（２０１６年）。大腸ガンは日本と韓国で争うように増加しています。韓国のガン増加率は著しく、２０１３年には日本の発症率の１・３倍を記録しました。

これが、韓国人のキムチ離れに起因しているのではないか、というデータもあります。韓国では5年間に白菜キムチの消費量が21％も減少しているというのです。戦前と戦後で遺伝子はそれほど変わっていませんから、食生活やライフスタイルの変化によって、ガンの発症率も変わったのではないでしょうか。

同じようなことが日本国内でもいえます。

沖縄は長年、日本国内有数の長寿県でした。5年ごとに発表される都道府県別平均寿命では、女性は１９７５年から２００５年までの30年、首位をキープしてきました。しかし２０１５年の調査では7位と順位を落としています。いっぽう男性は１９８５年の首位から２０００年には26位に急落。「26ショック」ともいわれました。その後、２０１０年には30位、そして２０１５年の調査では47都道府県中36位と、もはや下位から数えたほうが早い結果となっています。

この急落ぶりはなぜでしょう？　特に男性の急落ぶりは気になりますが、その原因はまだわかっていません。考えられるのは食生活の変化でしょう。沖縄のおじいやおばあがかってつくってきた伝統料理は、まさに理想的な食事でした。昆布や海ブドウなどの海藻類や、豚肉（豚足も）や豆腐などのたんぱく質を多くとり、塩分は控えめ。「医食同源」の考えに基づいていたといいます。

ところが、戦後、沖縄がアメリカの占領下に置かれると、一気に食生活の欧米化が進みました。ポークランチョンミートやコンビーフハッシュなどの缶詰の加工肉や、ハンバーガー、ビーフステーキ、タコライスなどが食卓に並ぶようになりました。男性のほうがより早く、この肉食中心の偏った食生活を受け入れたのではないでしょうか。それが、沖縄県男性の寿命をより早く縮めることになったのではないかと推測されます。女性はおばあから直接琉球料理を教わり、それを食べることなどで、欧米化の影響が男性よりも遅れたのではないかと考えられます。

食生活の欧米化が進むにつれ、沖縄県の男女はともに野菜を食べなくなりました。厚生労働省が２０１２年に行った「国民健康・栄養調査」によれば、沖縄県の野菜摂取量は47都道府県中男性37位、女性44位となっています。その結果、沖縄は長寿県から一転、日本全国で男性肥満率ワースト１に。沖縄の成人男性のうち、実に45・２％が肥満という事態になりました。さらに２０１５年の年齢調整死亡率では、肥満などが原因で発症する肝疾患の死亡率は男女ともにワースト1、女性の糖尿病死亡率もワースト1です。

この数十年で遺伝子が劇的に変化するとは思えませんから、寿命や病気に変化が見られたのは、食生活の変化などによるエピジェネティクスの影響だといえるでしょう。ということは、沖縄の人たちも昔ながらのいわゆる沖縄の伝統料理を食べるようになれば、ふたたびエピジェネティクスが起こり、長寿県へとよみがえる可能性もおおいにあるのではないでしょうか。


大腸ガンの検査は、「便潜血」を調べるのが一般的ですが、実はこの便潜血はあまり発見率が高くないのが実情です。というのも便に血が混じっている状態、つまり便潜血で陽性になるのは、単なる「痔《じ》」か、もしくは手遅れのガンのいずれかであることが多いからです。その結果、手遅れや見逃しによって、年間5万人ほどの方が亡くなっています。国際人間ドック会議や日本大腸肛門《こうもん》病学会では、便潜血に代わる大腸ガン検査法を探していますが、いい指標が見つかっていない状態です。

アメリカでは、大腸ガンに関してあるガイドラインを設けています。それは、「いずれかの親が大腸ガンに罹患しているか？」「親が大腸ガンの場合、60歳未満でかかったか、

60歳以上でかかったか？」という２点です。親が60歳未満で大腸ガンを発症した場合、その子どもは非常に早くから大腸ガンになる可能性があるので、５年に１度は内視鏡検査を行うこと、親が60歳を過ぎてから大腸ガンを発症した場合には、その子どもは10年に１度は内視鏡検査を行うことを推奨しています。内視鏡検査のほうが発見率は高くなりますから、もし親が大腸ガンにかかったという方は一度検査を受けたほうがいいでしょう。

●日本で進んだガン予防の研究

ガンは遺伝する、という話をしました。

では、「ガンは遺伝なので、あきらめるしかないのでしょうか？」

いいえ、あきらめる必要はありません。

もちろんガンは遺伝もあり、「ガンになりやすい人」はたしかに存在します。けれど、「ガン遺伝子」を眠らせて、「ガン抑制遺伝子」を活性化することで、ガンは予防できるのです。それがエピジェネティクスによって可能なのです。

これに関しては、特に日本で先陣を切って非常に多くの研究が行われてきました。私もこの分野でいくつか国際論文を発表しています。

ある実験では、ネズミに発ガン物質を与えたり、化学物質を与えて遺伝子を傷つけたりして、皮膚ガンになりやすい状態にしました。そのまま放置しておくと、ネズミは間違いなく腫瘍《しゅよう》、つまりガンを発症するでしょう。そこで、エサや飲み物に「小青竜湯《しょうせいりゅうとう》」「薏苡《よくい》仁湯《にんとう》」「十全大補湯《じゅうぜんたいほとう》」などの漢方薬を入れて与えることにします。3カ月～半年間ほどこれを続けたところ、腫瘍ができにくくなったのです。これはエピジェネティックに遺伝子変化が起こり、「ガン予防」遺伝子が働いた結果だといえます。ネズミと人間は80％遺伝子が同じことから、おそらく人間でも同じ結果が得られるでしょう。

　では人間の場合、どのくらい続けると効果があらわれるでしょうか。ネズミの場合、3カ月～半年ほどで効果があらわれました。ネズミの寿命は2、3年です。これを人間に換算してみます。人間の寿命を仮に70～80年とすると、20～30年ほどで効果があらわれてくる計算になります。実際、ガンの成長も10年、20年といったライフスパンで起こってくるといわれています。20代、30代でだんだんと細胞に異変が起こりはじめ、40代、50代で発ガンするというわけです。ということは、実は若い頃のライフスタイルが非常に重要なのです。

　今から20年ほど前までは、日本癌学会などでも「ガン予防」について触れることはほとんどありませんでした。ガン予防に関する学問や領域が急激に増えてきたのは、ここ10年から20年のことです。

ではどのようなものがガン予防にいいのでしょうか。これまでに、さまざまな研究が行われてきました。昔から、健康成分は「抗酸化」というさび止め作用、活性酸素を抑えるものだろうといわれてきました。その条件に合うものをかたっぱしから調べていった結果、まず、βカロチンやビタミンCなどが健康にいいのではないか？　と見られ、次にお茶の渋み成分である「カテキン」、最近では赤ワインの成分でもある「レスベラトロール」が見つかっています。

これらはいずれも「アンチエイジング」にもつながっています。先にもお話ししたように、見た目が若いほうが長生きをするという相関関係がありますが、まさに老化防止こそが健康に直結するというわけです。

抗酸化作用があるといわれているもののひとつに「ハーブ」があります。かなり時代をさかのぼりますが、エジプト文明では多くの「ミイラ」がつくられました。ミイラは亡くなった人間を永遠に保存するもの。その腐敗防止のために、ハーブが重宝されたのです。このように、はるか昔から使われてきたハーブには、「さび止め」効果があることがわかっています。まさに先人たちの知恵ですね。

アメリカでは、宗教の観点からか、ガンも神の思《おぼ》し召し、すべて「遺伝子」によって決まっているものと決めつけているところがありました。けれど、日本では昔から「ガンは予防できる」と強く考え、さまざまな試みが行われてきました。世界に先駆けて発ガン実験が行われたのも日本です。また、内視鏡の分野でも「必ず治るガンがある」という信念のもと、研究が進められました。実際、世界で最初に「早期胃ガンは治る」ことを発見したのは日本です。

国立がんセンター名誉院長だった市川平三郎《いちかわへいざぶろう》博士が世界初のバリウム検査を考案し、実践しました。さらに、杉村隆《すぎむらたかし》博士（世界で初めてネズミに人工的に胃ガンを発生させることに成功し、ガン予防の概念を初めて提唱した世界的先駆者）が、ある委員会で「市川先生の発案が数万人の早期胃ガン患者を救った」と発言しました。これを契機に、世界中でも早期ガン検診がはじまったのです。この話はテレビドラマ化されて、児玉清《こだまきよし》さんが市川先生役を熱演されました。

また、日本における内視鏡の開発も早期胃ガン発見の爆発的なアクセルとなりました。1950年、東大の今井《いまい》光之助《こうのすけ》医師とオリンパス社が世界で初めて現在の内視鏡のプロトタイプとなる機器を開発すると、全世界が驚嘆しました。以来、日本の内視鏡は全世界を圧倒的にリードし、オリンパス社の消化器内視鏡は現在でも世界シェアの７割を占めています。

このように、ガンは「運命」とあきらめるものではなく、早期発見によって治ることも多々あることが実証されています。

●「独眼竜」はなぜ時代を先取りできたのか？

「片目」しか見えない、いわゆる「独眼竜」と呼ばれる人たちがいます。たとえば、伊達政宗や柳生十兵衛《やぎゅうじゅうべえ》、山本勘助《やまもとかんすけ》などです。そういった人たちは得てして洞察力に長《た》けていたり、時代を先取りする力を持っていたりします。

それはいったいなぜでしょう？

人間の脳は、実にその80％が「視覚」に関わる領域だと考えられています。まず、目で見て（インプット）、それを脳で分析、判断し、その後の行動や対応を進めるのです（アウトプット）。目に関する容量がかなり大きいことがわかります。

ところが、「独眼竜」の人は半分見えないわけですから、インプットの量が極端に少なくなります。すると、脳には膨大な空き容量ができるのです。

人をパソコンにたとえるとして、ハードに大きな空き容量があればあなたはどうするでしょう？　すぐれたソフトをインストールするなどして、パソコンの性能をバージョンアップしようとするのではないでしょうか。その結果、より快適な動きと働きを得ることができるでしょう。

脳でも同じようなことがいえるようです。膨大な空き容量のできた脳に、すぐれた知識や経験をもとに、時代を先読みするようなソフトがインストールされ、より効率的な働きをすることになったのではないでしょうか。または、視覚で刺激される遺伝子が眠っている分、ほかの遺伝子が神経細胞で発現して、ほかの機能を獲得することができた、とも考えられるでしょう。それが、彼らの場合には、時代を先読みできるような予測シミュレーションソフトだったのではないかと思うのです。

人間は欠落して働かない領域の細胞が、ほかの機能に刺激を受けることによって、エピジェネティックに遺伝子変化を起こすこともあるのです。そう考えると、これまで「欠点」だと考えていたことも、実は「長所」に変わる可能性はおおいにある、というわけです。

●日本食は遺伝子を鍛える

もし遺伝子を鍛えられるなら、こんなにすばらしいことはないでしょう。日本人の遺伝子は肥満になりやすいし、心臓病やガンなどの病気にかかりやすい体質を持っています。実際、ハワイの日系2世、3世には心臓病が多いことがわかっていますし、最近の日本人のガンの急増は、日本人が遺伝的にガンにかかりやすいことを暗示しています。

けれど、一方で日本は健康に日常生活を送れる「健康寿命」が世界一、平均寿命も常に世界トップクラスです。遺伝子的には弱いはずなのに、寿命はトップ。一見矛盾して見えるような結果ですが、これはなぜでしょう?

その原因こそがエピジェネティクスにあるといえます。日本人の日常の食事や行動が知らず知らずのうちに遺伝子を鍛えているのです。

日本人が古くから食べてきた和食には、遺伝子を鍛える効果のあるものがたくさんあります。たとえば魚や、豆腐、味噌《みそ》をはじめとする大豆食、ひじきやワカメなど食物繊維たっぷりの食材。春の山菜やタケノコ、夏のスイカやトウモロコシ、秋のキノコやサツマイモ、サンマ、冬の白菜やみかん、ブリなど……四季折々の旬の食材などもそのひとつです。

また、日本酒の中に含まれる菌なども、日本人の健康を押し上げているといえます。これらの食品因子（フードファクター）が遺伝子を鍛えているのです。

日本人の食事には、α－リノレン酸や青魚に含まれるＥＰＡ、ＤＨＡなどの「オメガ3」という、不飽和脂肪酸の中でも特に健康にいいとされている物質が非常に多く含まれています。一方、欧米では、揚げ物や肉食が多いことから、ラードや動物の脂などの「オメガ6」の摂取量が多く、オメガ6とオメガ3の比率が10：1にもなっています。この偏りをせめて6：1程度にまで引き戻そうという動きがありますが、なかなか進んでいないのが現状です。

一方、日本では以前からオメガ3とオメガ6の比率が3：1でした。しかし、最近は日本でもオメガ6の割合がどんどん増えているようです。これもやはり食の欧米化によるものでしょう。そう考えると、日本古来の「和食」こそが「遺伝子を鍛える食事」といえるのではないでしょうか。

●栄養のとりすぎはガンのもと

今は健康ブームとでもいいましょうか。テレビや雑誌などでも「これを食べると身体にいい」「これがこの病気に効く」といった特集が数多く見られます。もちろん、健康に気を遣うのはおおいにけっこうなことではあるのですが、何事も「過ぎたるはなおおよばざるがごとし」。あまりに極端にやりすぎると、かえって身体に害になることもあるので注意が必要です。

というのも、ある物質だけを急激に増やして与えたり、急激に減らしたりすると、細胞がびっくりして、逆におかしくなってしまうことがあるからです。

たとえば、栄養成分「カロチン（カロテン）」です。カロチノイドのうち、炭素と水素原子から構成された化合物で、ニンジンやカボチャなどのオレンジ色のもとでもあります。このカロチノイドには、αカロチン、βカロチン、γカロチン、δカロチン、εカロチン、リコピン（リコペン）などがあります。

けれど、この中でβカロチンの研究だけが進み、「βカロチンは身体にいい！」と脚光を浴びるようになりました。体内でビタミンAに変わり、「肺ガンの予防にもいい」ということで、高濃度βカロチンのサプリメントや薬がつくられ、βカロチンを大量に摂取する人が増えました。その結果、どうなったでしょう？　なんと肺ガンに罹患する人が増えたのです。

これはフィンランドの臨床試験で明らかになっています。

2万9133人の男性喫煙者に、通常摂取量の10倍にあたる20㎎のβカロチンを毎日投与し続け、5〜8年間の追跡調査をしたところ、通常より肺ガン罹患率が18％上昇したのです。その後、アメリカでも同様の試験が行われましたが、同じような結果でした。

大昔にさかのぼって考えてみると、特定の栄養素だけを大量にとるということはありませんでした。果物や植物には、カロチノイドというカロチン様物質が含まれています。それを食べることで、βカロチンのみならず、さまざまな栄養素をバランスよくひとまとめに取り入れていたのです。ところが、βカロチンだけを突然多量に体内に入れたことで肺の細胞が驚いて、ガン細胞が増えてしまったというわけです。これもエピジェネティクスによる遺伝子の変化といえるでしょう。

科学の進歩により、ある特定の成分だけを抽出したり、逆に減らしたりすることが可能になりました。けれど、そのことによって細胞に異変が起こる可能性もあるでしょう。そう考えると、たとえば糖質制限ダイエットといって、糖質を極端に減らし、逆に脂肪やたんぱく質を急激にとると、同じように細胞がびっくりして何か異変が起きるのではないでしょうか。

現在、日本抗加齢医学会でも、カロリーに関係なく、糖質制限をすべきだとする「糖質制限派」と、いやいや、カロリー摂取量を制限するのが健康には大事なのだとする「カロリー制限派」で言い分は真っ向から対立しています。それぞれにエビデンスがあり論文があるので、判断が難しいところもあります。

Aが正しくてBが間違い、どちらか一方が１００点満点、ということはまずあり得ません。近い将来、個々人の全ゲノムが容易に解読され、その人の体質などが包み隠さずわかる時代になるでしょう。ですから、今後は誰かが「いい！」といったものに妄信的に飛びつくのではなく、自分のゲノムを解読し、体質やら基質やらをすべて知ったうえでエピジェネティクス管理をしていく。これこそが自分に最適な健康法を見つける一番の方法になるのではないでしょうか。

●バカは遺伝する？

昔、学校のテストで悪い点数を取ったとき、「あいつがいい点数なのは頭のいい家庭に生まれたからだ。うちの親はたいして頭がよくないし、いくら勉強したっていい点数なんか取れっこないんだ」と自分に言い聞かせた記憶はありませんか？

もしバカが遺伝するのであれば、いくら頑張って勉強したってムダ、努力は実らないということになります。

ただ、周囲を見回してみてもわかりますが、お父さんもお母さんも出来がいいのに、その子どもはなぜか出来が悪い、というパターンも往々にしてあります。これは受け継いだ遺伝子が「オフ」になってしまっていることに起因するのではないでしょうか。たとえ遺伝子情報がよくても、悪い環境の変化や刺激によって遺伝子が眠ってしまえば、頭のよさは発揮できません。逆に遺伝子情報が悪かったとしても、努力によっていい意味での環境変化や刺激を引き起こせば、頭もよくなります。つまりは、本人の努力次第で、秀才にもバカにもなれるというわけです。

こんな例があります。人よりも研究が進んでいる馬の「サラブレッド遺伝子」についてです。「サラブレッド遺伝子を持ち合わせたエリート馬同士を掛け合わせたら、超エリートのスーパーサラブレッドが生まれるのではないか？」と先人は考えました。そんな馬が誕生したら、競馬で一攫千金《いっかくせんきん》をねらえますから、それは真剣になりますよね。

では、この研究は成功したのでしょうか？　残念ながら、手放しに成功したとはいえないのが現状です。たしかに、サラブレッド遺伝子を持ち合わせたスーパーサラブレッド馬は誕生しました。彼らは猛練習をすれば強い競走馬に成長することもわかっています。そういう意味では成功といえるでしょう。

ただ、それには続きがあったのです。このスーパーサラブレッド君は少しでも練習をサボると、ほかの馬よりも代謝がいいためか、すぐに太ったり、健康を害したりすることがわかりました。体重が重くなりすぎて身体を支えきれず、しまいには骨折してしまい、安楽死……という悲惨な末路をたどることも多いのです。遺伝子的には最高でも、たいした活躍をすることなくリタイアした馬がけっこういました。

ここからわかるのは、たとえどんなに優秀な遺伝子を持っていたとしても、それをきちんと磨く努力をしなければまったく意味がない、ということです。しかも、いい遺伝子を持っている場合、きちんとそれを用いないと、転がり落ちるのもこれまた早いというわけです。

そういう意味では、陸上１００ｍ走で日本人初の９秒台をたたき出した桐生祥秀《きりゅうよしひで》選手は、まさに努力によって遺伝子を活性化させたいい例ではないでしょうか。黒人のほうが身体能力で勝っている場合が多いですし、はっきりいって足も長いから徒競走向きといえるでしょう。にもかかわらず、桐生選手は世界に並ぶ好記録を出すことができました。これはまさにエピジェネティクス以外のなにものでもないでしょう。人間の中での遺伝子の優劣というものは、努力によっていかようにもカバーできる範囲なのかもしれません。

遺伝子を生かすも殺すも自分次第。遺伝子が優秀だからといってあぐらをかくのは危険ですし、たとえ遺伝子がそれほど……という場合でも、本人にやる気さえあればいくらでも向上することができるのです。「バカは遺伝だから……」は残念ながら言い訳にはならないようです。

●良好なエピジェネティクスを邪魔するものは？

エピジェネティクスは必ずしも、いい方向にだけ作用するわけではありません。環境や食生活などによって、マイナスの方向に作用することも往々にしてあります。

では、どのようなものが良好なエピジェネティクスを邪魔するのでしょうか？

良好なエピジェネティクスを邪魔するというのは、「遺伝子を壊す」とも言い換えることができます。遺伝子を壊す大きな原因とされているのが、「さび」と「ウイルス」です。「さび」というのは、活性酸素によるものです。先にもお話ししたように、「さび」を止めることがアンチエイジングにもつながりますし、老化防止にもなる。そして、遺伝子を守ることにもつながるのです。

具体的には、お酒、タバコ、ストレス、偏った食事は、いずれも遺伝子が壊れる要因となるものです。

お酒は先にもお話ししたように、分解する際に分泌される有害物質のアセトアルデヒドが発ガンにかかわってきます。

タバコに関しては、もう悪影響しかないといっても過言ではないでしょう。喫煙者は、子宮ガン以外の全内臓の発ガンのリスクが上がる、という結果が出ています。唯一、なぜか子宮ガンだけは喫煙者とそうでない人とで発ガン率に違いが見られませんでした。先に、βカロチンの取りすぎが肺ガンを引き起こしたという話をしましたが、あの被験者はみなヘビースモーカーでした。タバコで遺伝子が壊れているところに大量のβカロチンが投入されたことにより、細胞がおかしくなって肺ガンを発症したと考えられています。ということは、非喫煙者よりも喫煙者のほうがβカロチンを大量に摂取したときの肺ガン罹患率は高いことになります。

ですから、ヘビースモーカーの人が、喫煙の悪を打ち消そうと、βカロチンのサプリメントを一生懸命とってもダメ。一見、身体にいいことをしているかのように思えるかもしれませんが、かえってガンを引き寄せているようなものです。同じように、酒飲みの人が免罪符のように「ウコン」をとるのも、身体にはあまりいいとはいえません。かえって肝臓を悪くするだけかもしれません。

悪いものをとっているから、いいものを大量にとれば相殺されるかといったら、それは大間違いです。残念ながら、そんなに都合のいい話はありません。悪いものは摂取しない。これに限ります。

20代からガンガンタバコを吸っていたけれど、40代になって禁煙をはじめ「俺はタバコをやめたから健康だ」と思っている人がいます。けれど、これも大間違いです。健康と喫煙の関係を示すものに「ブリンクマン指数」があります。「1日の喫煙本数×喫煙年数」の数値が400以上になると肺ガンの発ガン率が上がることがわかっています。この数値が400〜600の人の肺ガンによる死亡率は平均して、タバコを吸わない人の4・9倍です。

たとえば、20歳から40歳までの20年間に、1日20本吸い続けていたら、20本×20年で指数は400です。この数値は積み上がりこそすれ、減ることはありません。今禁煙しているからといって、指数が帳消しされることは決してなく、発ガンリスクも減りません。実際、若い頃ヘビースモーカーだったけれど40代で禁煙をはじめたという人が、60代、70代になってガンになっているケースは非常に多いのです。ガン専門病院の先生がかつてこうぼやいていました。

「誰が言い出したのかわからないけれど、若い頃タバコを吸っていても、やめさえすれば身体は元に戻ると信じている人が多くてね。ガンにかかったとわかったら、『俺は今タバコを吸っていないのにガンになってしまった。どうしてくれるんだ！』と乗り込んでくる人があとを絶たなくて困っているよ」と。

タバコをやめたら数年で肺はきれいになる、と信じている人がいたら、それはまったくのウソです。タールによって肺についた黒色は消えるかもしれませんが、細胞のダメージはぬぐえません。もちろん、タバコを吸い続けているよりはリスクが減りますが、それでも発ガンのリスクがゼロにリセットされることはないのです。油断していると、禁煙から4、5年経った頃に発ガンすることも十分あり得ます。胃ガンもそうです。若いときにピロリ菌にやられていたら、たとえ除菌したとしても、発ガンする可能性はおおいにありま す。ですから、ピロリ菌を除去したあとも2年に1回は内視鏡検査を受けることを推奨しています。

そのほか、遺伝子を壊す要因としては、紫外線や放射線、化学物質なども挙げられます。

●ウイルスが遺伝子に刻み込まれる

なんらかのウイルスがエピジェネティクスによって遺伝子の中に組み込まれることもあれば、遺伝子を壊してしまう場合もあります。

現在わかっているのは、肝炎ウイルス、子宮頸《けい》ガンを引き起こす「ヒトパピローマウイルス」です。また、C型肝炎を起こすウイルスはなぜか胆管ガンを引き起こすことも判明しています。胆管というのは、肝臓でつくられた胆汁（脂肪を消化させる液）を十二指腸まで運ぶための管です。日本人は欧米人にくらべて胆管ガンに罹患する人が多いようです。いずれの場合も、これらのウイルスが遺伝子を壊して発ガンさせるのです。ただし、肝炎ウイルスについては、ウイルスを抑え込む薬が次々と開発されています。たとえウイルスが遺伝子を壊したとしても、そこからガンが発生することを阻止する新しいタイプの薬剤です。近い将来、ウイルスによる発ガンを制圧する日も来るのではないでしょうか。

子宮頸ガンのヒトパピローマウイルスは現在１００種類以上の亜型が発見されていますし、ここ数年来、罹患者が増えています。性風俗の乱れによるものだ、という声も聞かれますが、その点でいえば、むしろ江戸時代や戦前のほうが性は乱れていたようですし、現在は避妊具もかなり開発されていることから、その理由はあまり当てはまらないように思います。おそらくはウイルスが悪性化しているのでしょう。

このウイルスを逆に利用して、遺伝子を組み替えるという方法もあります。たとえば、壊れた遺伝子があった場合、ウイルスに正しい遺伝子をしみ込ませて、それを壊れた遺伝子に感染させ、正しい遺伝子に組み替えるというものです。ただし、ターゲットとなる遺伝子を的確に置き換えることはなかなか難しく、また手間もかかるという問題があります。これにとって代わって出てきたのが、「ＣＲＩＳＰＲ－Ｃａｓ９」と呼ばれる遺伝子編集技術です。それについては、後で詳しくお話ししたいと思います。

●遺伝子を編集する技術

これまでにも遺伝子を組み替える技術は開発されてきました。「遺伝子組み換え」という言葉はよく耳にしますね。

たとえば、製薬会社などではネズミにヒトの遺伝子を埋め込んで、ヒトの分子やヒトのたんぱく質をつくり、それを精製して創薬技術などに応用しています。

ネズミは「ネズミ算」という計算問題があるくらい短期間にどんどん繁殖していきます

から、大量生産が可能です。遺伝子も人間と似ている箇所が多いので、操作が比較的簡単といえるでしょう。たとえば、炭水化物を分解する遺伝子やアミノ酸をつくる遺伝子などは似ているので、それはそのまま活用し、ネズミとヒトで構造が異なる一部の遺伝子だけをヒトの遺伝子に入れ替えるのです。

最近では、ＣＲＩＳＰＲ－Ｃａｓ９と呼ばれる遺伝子編集システムにより、より簡単に遺伝子組み換えができるようになってきました。アメリカのハーバード大学などでは、アジアゾウの遺伝子にマンモスの遺伝子を入れて、マンモスをつくろうという壮大な計画もあるようです。

遺伝子は「ヒストン」というたんぱく質で守られているので、それがはがれた状態でないとなかなか難しいのではないか、30億のゲノムの中の特定の箇所に果たしてぴたりと埋め込むことができるのか、などといった疑問はたしかにあります。ただ、ＤＮＡは史上最強の分子で、マンモスが絶滅した現在でも「恐竜」遺伝子は残されています。それを取り出して、最先端の技術を応用することができれば、復元は可能かもしれません。まさに映画「ジュラシック・パーク」の世界ですね。

●ノーベル賞にもっとも近い遺伝子研究――ＣＲＩＳＰＲ

先に少しお話しした「ＣＲＩＳＰＲ」は、近年中に間違いなくノーベル医学生理学（あるいは化学）賞を受賞するだろうといわれている注目の遺伝子研究です。

バイ菌が、ウイルスやバイ菌の天敵である「ファージ（細菌に感染して増殖するウイルス）」にやられそうになったとき、どのように応酬すると思いますか？　バイ菌はその敵のＤＮＡ配列を組み込んで記憶しておき、同じ敵がふたたび来襲してきた際には、その敵のＤＮＡ配列を認識して、そのＤＮＡ周辺を切断してやっつけるのです。

この一連のシステムを「ＣＲＩＳＰＲ-Ｃａｓ」といいます。ＣＲＩＳＰＲシステムは、一般的な細菌（真正細菌）から地球の原始的環境（メタンガスや硫黄ガス、高温、高塩分など）でも生きられる「古細菌」に至るまで幅広い菌において、ウイルスやファージから自らを守るシステムとして保存されてきました。つまり、地球に生命が生まれて間もない頃に活動していた原始的な生命体が、すでにＣＲＩＳＰＲシステムを使って敵から身を守り、生存しようとしていたのです。

我々人間は、この原始細胞の生存戦略システムを利用して、特定のＤＮＡ配列を認識し、そのＤＮＡ周辺を切断し、代わりに別の遺伝子を入れ込むことに成功しました。切断した傷口には新たな遺伝子が入りやすいという特性をうまく用いたのです。この操作を「ゲノム編集」と呼び、2013年にアメリカの研究者ジェニファー・ダウドナがフランスのエマニュエル・シャルパンティエとともに発表しました。

このシステムをうまく使えば、細胞の遺伝子の好きな場所（DNA配列）を切断することができ、さらに、そこに好きな遺伝子（DNA配列）を自由に導入することが驚くほど簡単にできるのを発見したのです。

これまでは新たに入れたい遺伝子を「電気ショック」によって組み込もうとしたり、組み込みたい場所のDNA配列をたんぱく質に探させたりしていました。けれど、いずれもとても難しい操作で、間違った場所に入り込んでしまうなど効率が悪く、さらには非常に高価で時間もかかる……と難題だらけ。人為的にも非常に難しい作業でした。

しかし、この新しいシステムは原始的な細胞が生き残るための生存戦略をうまく利用したもので、シンプルながら非常にすぐれ、さらにはとても効率的です。今では、そのシステムに磨きがかかり、さまざまな動物やヒトの細胞に応用できることがわかってきました。人間にもいろいろな遺伝子を好きな場所に自由に組み込めるようになったのです。

この技術により、遺伝子の欠落や異常によって発症する、いわゆる「遺伝病」を治せる可能性が高まりました。遺伝子が欠落している場所や異常な場所を自由に切り貼りして、正常な遺伝子を組み込むのです。これにより数千ともいわれる遺伝病が治癒できるかもしれません。

また、この技術がエイズの治療にも役立つのではないかと期待されています。

エイズの原因であるＨＩＶは、細胞に侵入すると密《ひそ》かにヒトＤＮＡに組み込まれます。そして、その組み込まれたＤＮＡが活性化すると、ＨＩＶを次々と増産していきます。非常に手強《てごわ》いウイルスではありますが、ＣＲＩＳＰＲのシステムを使って潜んでいるＨＩＶ配列を効率的に探し出し、そこを切断することでやっつけられると考えられ、研究が重ねられています。

２０１７年5月には、ネズミでの実験が成功しています。この方法を用いることで、ネズミの体内に感染したＨＩＶが劇的に除去されたのです。今後、ヒトでの応用がうまくいけば、夢のエイズ治療法となるでしょう。

私は内科医ですが、東大での研究生時代には珍しくファージの実験をしていました。そのときに、バイ菌にとってファージがいかに天敵であるか、そしてバイ菌とファージが常に戦っていることを知りました。まさか、その戦いぶりがノーベル賞級の研究にまで発展するとは、その当時は考えも及びませんでした。しかも、天敵に対する言ってみれば〝原始的〟な戦略が、もっとも〝高等〟なヒトに応用されて成功するとは想像すらしませんでした。何事も「基本」が大事ということですね。あらためて「原点に立ち返る」ことの大切さをひしひしと感じました。

しかし、このCRISPRを利用すると、あまりにもうまく、しかも効率よく遺伝子を変えられるため、いいことばかりではなく、逆に心配な面もあります。もし、悪用をたくらむ科学者がいたら……？　悪い遺伝子を自由に組み込んで、軍事的な目的に転用する可能性だってあるでしょう。また、受精卵などに組み込めば、人為的に優秀な「スーパーベビー」をつくり出すことだって可能となるはずです。おそらく、これまで予想もしていなかったような倫理的な問題が今後増えていくのではないでしょうか。

このCRISPR-Cas9は、今では「アドジーン」というサービスで、世界中の誰でも65ドル+送料で買えるといいます。自分で自由に組み込みたいCRISPRを取り寄せることができるのです。

いずれにしても、この「ゲノム編集技術」は21世紀を代表する画期的な発見であり、今後の医療や科学の進歩に一役も二役も買ってくれることは間違いなさそうです。

●第二の脳――腸内フローラ

人間の腸内には、400種類、100兆個！　の菌がいることがわかっています。地球の全人口が現在約73億人ですから、その1万倍以上。これはもう腸内ワールド、いや腸内宇宙ともいえますね。これらの菌を顕微鏡で見てみると、まるで花が咲き乱れる「花畑」のように見えることから、「腸内フローラ」と呼ばれるようになりました。腸は「第二の脳」ともいわれ、今、話題にもなっています。最近では「腸活」などという言葉もよく聞きます。腸内バランスを整えるドリンクやサプリなども多数売り出されています。

そして、この腸内フローラ内に存在する「腸内細菌」の変化が、リウマチや腸疾患、自閉症、精神疾患や生活習慣病に影響することが、研究によってわかってきています。服部《はっとり》正平《まさひら》先生は、東京大学で遺伝子の21番染色体の解析を担当された、世界的にも有名なヒトゲノムの専門家ですが、今ではメタゲノム解析を用いて腸内遺伝子の解明に努めています。それほど腸内遺伝子は魅力的な題材なのでしょう。

この腸内遺伝子ですが、種類のパターンやそのバランスが大事だといわれています。腸内細菌には善玉菌、悪玉菌、日和見菌《ひよりみ》の3種類あります。ビフィズス菌や乳酸菌など、身体にいい働きをし、健康や老化防止にいいとされるのが「善玉菌」。ブドウ球菌やウェルシュ菌、病原性大腸菌など、体内に有害物質をつくり、悪影響を及ぼすのが「悪玉菌」。そして連鎖球菌や無毒性の大腸菌、バクテロイデスなど、普段は無害だけれど、身体が弱ると悪玉菌に味方するのが「日和見菌」です。

そのバランスは善玉菌2：悪玉菌1：日和見菌7が理想であるとされています。一般的に、成長過程においてこの割合は大きく異なります。歳を重ねるとともに、善玉菌は減少し、悪玉菌が増えていきます。

また、この腸内細菌のプロファイルは、人種によってかなり差があることがわかっています。ある国際的な研究が行われました。スウェーデン、フランス、オーストリア、スペイン、デンマーク、中国、日本など、世界12カ国の健康な成人を対象に、腸内バランスと食生活（日頃食べている食材の種類や、たんぱく質、炭水化物、脂肪のバランス）による比較を行ったのです。すると、非常に面白いことが判明しました。左の図のように、日本の腸内バランスはヨーロッパのオーストリアともっとも似通っていたのです。続いてフランス、スウェーデンと、いずれも西洋の古くからの先進国と似ていることがわかりました。

一方、距離的に近く、食生活も比較的似たカテゴリーに属する中国や、南米とは、腸内

菌種組成と食事（食習慣）との相関は部分的である

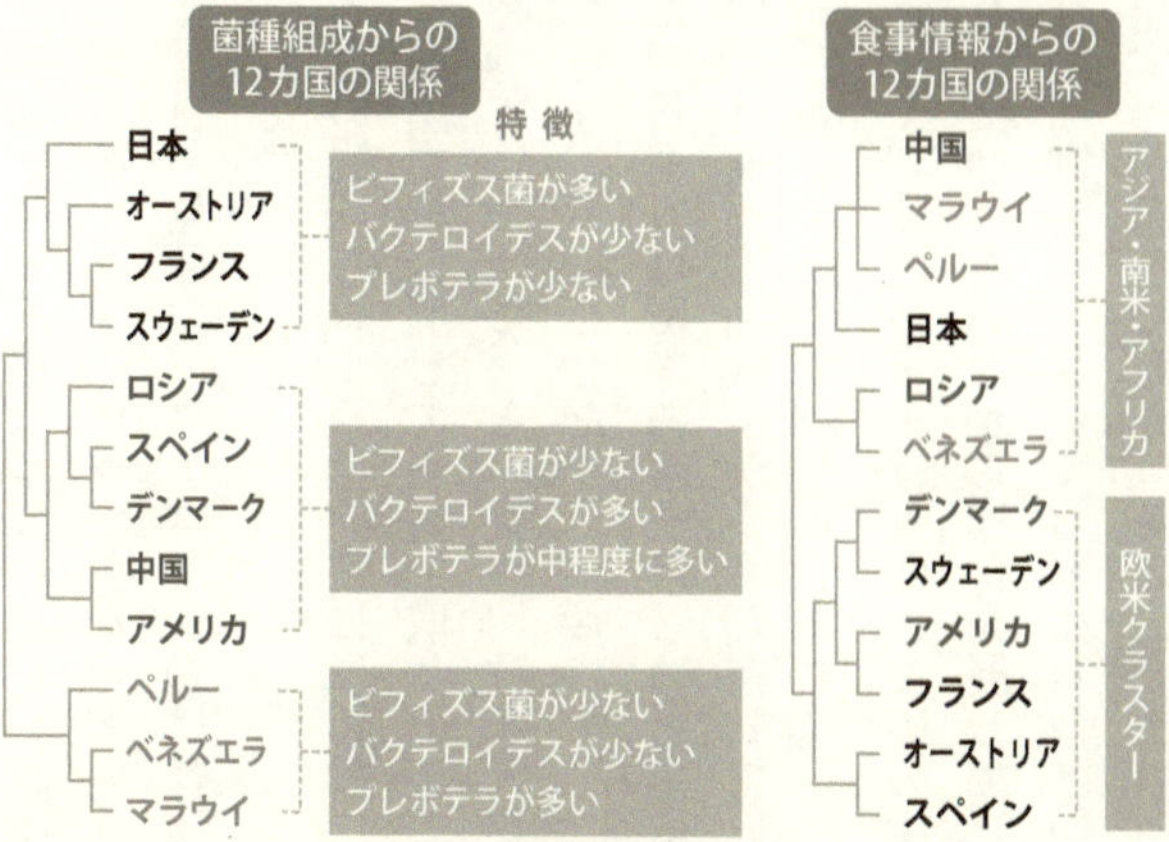

Nishijima et al. 2016

出典／FAOSTAデータベース（2003-2012年の平均）

健常成人ヒト腸内細菌叢の国際比較

NGSを用いたヒト腸内細菌叢のメタゲノム解析

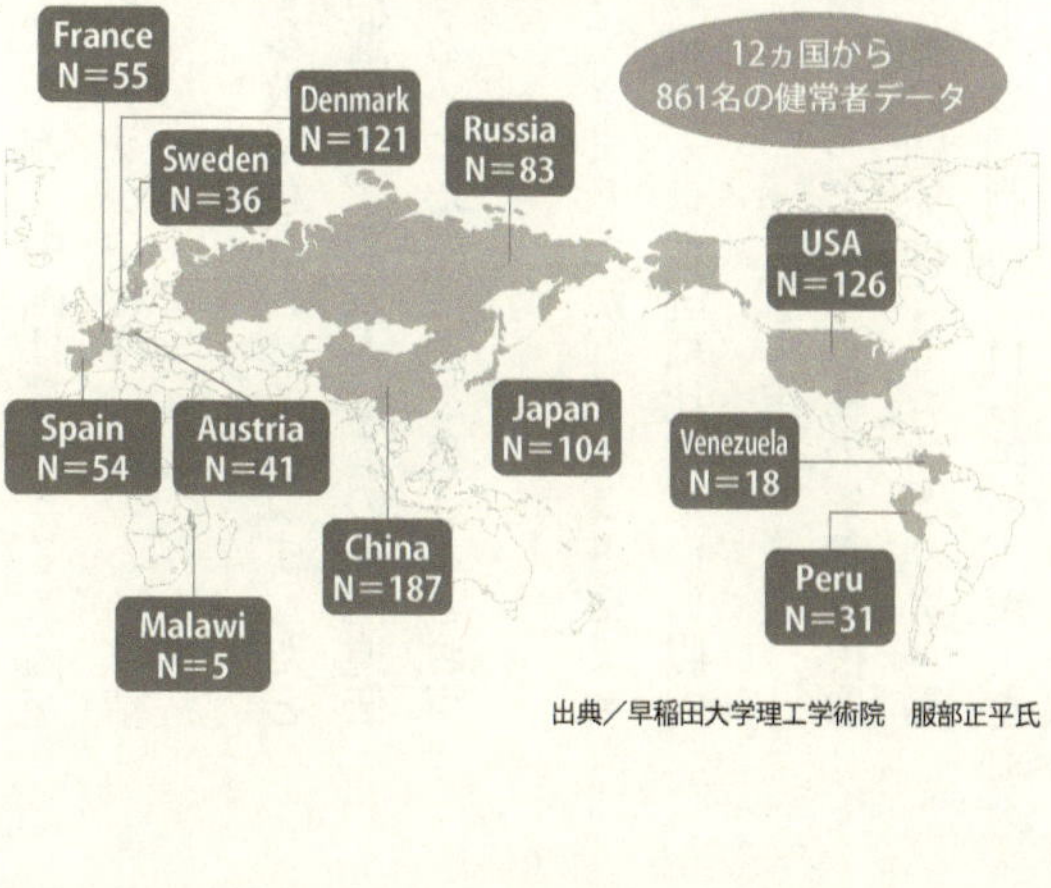

出典／早稲田大学理工学術院　服部正平氏

バランスはまったく異なっています。日本はビフィズス菌が多く、日和見菌のバクテロイデス、悪玉菌のプレボテラが少ないという特徴があります。一方、中国はビフィズス菌が少なく、日和見菌のバクテロイデスは多い、悪玉菌のプレボテラが中程度に多いという結果が出ました。

日本人の腸内フローラは非常に独特で、面白い遺伝子を多数持ち合わせています。たとえば、海藻類を分解して栄養を取り出すことのできる腸内遺伝子。欧米人はこの腸内遺伝子を持っていません。そのため、欧米人がワカメやひじきといった海藻類を食べるとお腹を壊したり、下痢をしたりしがちです。

また、日本人はたくあんをはじめとする漬物を長年とってきましたが、そのことによって腸内には植物性乳酸菌が多く存在しています。どうやら日本人は他国に比べていい腸内遺伝子を持ち合わせているようです。

おそらく、腸内遺伝子は人間のお腹の中で共生し、体内に入ってくる食物の栄養を摂取し、互いに助け合いながら進化発展してきたのでしょう。その関係はミトコンドリアが動物の細胞に寄生し、共生する形にも似ています。我々の祖先の細胞は、自らエネルギーを生み出すのが苦手でした。そこでミトコンドリアという生き物を取り込んでうまく共生するようになったのです。その結果、我々の祖先の細胞は一気に進化を遂げました。そのうち、体内にミトコンドリア遺伝子が発現し、やがてミトコンドリア遺伝子がエネルギーをつくるようになりました。そして、腸内遺伝子もこれと同じような経緯をたどったのではないかと考えられています。

先に「腸は第二の脳」といいましたが、腸と脳は「腸脳ホルモン」ともいわれるように同じようなホルモン、似たような内分泌でシグナルをやりとりしています。「腸と脳がつながっている」なんて不思議な感じがしますが、人間の成り立ちの過程を考えてみると納得がいくかもしれません。

大昔、生き物は発生したばかりの単細胞だった時代がありました。生き物には「腸」しかなかったのです。つまり、口から栄養分を入れ、腸から老廃物が排出される、というシンプルな仕組みでした。やがて時代が進み、生物が進化するにつれて、それを助ける役割として脳ができてきました。まず腸があって、次に脳ができた。そう考えると、腸のシグナルを脳が助けるのは非常に自然な流れといえるのではないでしょうか。腸内バランス研究の最前線では、超生命体のヒトとして「ヒトゲノム」があり、腸内遺伝子である「ヒトマイクロバイオーム」との総和によって成り立っている、と考えられています。

また、この腸内フローラがセロトニンの生成にかかわっていることもわかっています。セロトニンは精神の安定にかかわり、これが不足するとキレやすくなったり、うつ状態に陥ったりします。このセロトニンの生成に、ある特定の腸内フローラが関係しているのです。

では、この腸内フローラや腸内バランスはどのようにすれば変わるものなのでしょうか？　それについて、服部正平先生は興味深い実験を行いました。数十人を対象に、寺で精進料理を3カ月間食べさせて、ビフォーアフターでどのくらい腸内フローラや腸内バランスが変化するかを調べたのです。精進料理はご存じのとおり、肉や魚を使わず、野菜を用いた食事です。

ここで、驚くべき結果が出ました。精進料理を3カ月食べ続けても、腸内バランスはまったく変わらなかったのです。どうやら一時的には善玉菌などが住み着くものの、定着はせず、しばらくするといつの間にかいなくなってしまうようなのです。つまりは、一朝一夕には腸内フローラは変化しないということでしょう。どうやら、即効性を求めず、長い年月をかけて少しずつ腸内環境にいい食事をとり続けることが大切なようです。

最近は、「ビフィズス菌が生きたまま腸に届く」をうたい文句にしたドリンクやサプリメントなどが多数販売されています。たいていの菌は胃から分泌される強力な胃酸によって死んでしまいます。ところが、品種改良された胃酸に強い菌は、それにやられることなく生き続けて腸までたどり着く、というわけです。たとえば、ＬＧ21という乳酸菌はそのまま胃にとどまり続けて、胃ガンなどの原因ともいわれるピロリ菌を殺菌する効果があるといわれています。

ただ、この腸まで生きて届く菌については課題もあります。というのも、大昔には、菌は胃酸で殺菌されるのが当たり前の状況で、問題なくやり過ごせていました。その生態系を無理やり変えてしまうことで不都合はないだろうかという問題です。また、胃酸のバリアをクリアした菌が必ずすべて「いい菌」とは限りません。菌の中には、自分が持っている悪い菌をまき散らすものもあるでしょう。加えて、菌は頻繁に突然変異を起こします。もし腸に入り込んだ菌が猛毒を持つものに突然変異をしたら……？　どうやら手放しに喜んでばかりもいられないようです。

腸内バランスを劇的に変える方法として、ちょっと過激にも思えるものがあります。それは「便移植」。そうです、腸内フローラが正常な人の「便」を移植し、体質をごっそり入れ替えてしまおう、というものです。日本ではようやく倫理委員会で承認されたところで、一部の大学病院などで少しずつはじまっている段階ですが、海外ではより多く取り入れられています。具体的には、健康な人の便と生理食塩水を混ぜ合わせてフィルターでろ過した液体を、内視鏡を使って腸内フローラめがけて注入します。過敏性大腸炎など、腸の問題を抱えた人たちの根本治療として注目が集まっています。

また、京都大学農学部の佐藤健司《さとうけんじ》教授が、日韓共同で食事と腸内バランスに関する研究をはじめました。発酵食品を食べると、体内で独自に炭水化物を分解し、そのことによって酢酸や酪酸がたくさん分泌されます。それが健康につながることがわかっています。発酵食品といえば、まさに日本の味噌や醤油《しょうゆ》、日本酒、漬物、それから韓国のキムチやコチュジャンなどがありますね。それらがどのように健康にかかわっているのか？　腸内バランスにどのような影響を与えているのか？　など、発酵食品と腸内フローラの秘密を探っています。

いずれにしても、腸の中には未知の世界がたくさんあり、ＡＩやスーパーコンピューターを用いても解明はなかなか難しいようです。腸内宇宙がどのように広がっているのか。想像してみると面白いのではないでしょうか。

●「若さ」を保つ回数券――テロメア

「若さを保つ回数券」があったらうれしいですよね。そんな夢をかなえる研究が進んでいます。それが「テロメア」に関するものです。エリザベス・ブラックバーン博士はこのテロメアを伸ばす酵素「テロメラーゼ」の発見により、ノーベル医学生理学賞を受賞しました。

テロメアとは、我々の体内で細胞分裂にかかわる箇所で、細胞が分裂を繰り返すたびにまるで回数券を１枚切り取るかのように少しずつ短くなっていきます。この回数券がなくなった時点で分裂は止まり、細胞の寿命が終わるのです。テロメアの長さは、出生時には１万５０００ほどあったものが、35年ほど経つと約半分に減少。テロメアが６０００以下になると染色体が不安定になり、遺伝子の変異が起きやすくなります。その結果、ガンを誘発しやすい、あるいは細胞死や老化が起きやすいことがわかっています。このテロメアが長いほうが細胞は元気で、老化を遅らせ、若さをキープできるというのです。実際に、テロメア関連の遺伝子を改変したネズミの実験で、発ガンには劇的にはかかわっておらず、どちらかというと老化研究において、テロメアが短いと老化しやすい、という現象が確認されています。

どのようにすると、このテロメアの〝回数券〟をキープできるのでしょう？　アメリカで行われた実験によれば、①瞑想《めいそう》、②ジョギング、ウォーキング、エアロビクス、水泳、サイクリングなどの有酸素運動、③野菜中心の食事、④7時間以上の睡眠、の4つが有効であることがわかりました。有酸素運動や野菜、睡眠などはよくいわれることですが、「瞑想」というのはなかなか面白いですね。

瞑想とは心を鎮めて無心になることで、お寺やヨガなどでも取り入れられ、スティーブ・ジョブズやビル・ゲイツも積極的に行ってきたといわれていますが、これが今、科学的にも効果があるとして注目を浴びています。瞑想によって、精神の安定にかかわる「セロトニン」が分泌されます。そのセロトニンが細胞に働きかけて、細胞の遺伝子レベルで変化が起こるのではないかと考えられています。

アメリカでは、テロメアを伸ばす「テロメラーゼ」の分泌を促すサプリメントが売り出されていますが、これにはテロメラーゼを発見したブラックバーン博士も反対しているようです。というのも、先にお話ししたように、ある特定の物質だけを急激に増やして投与すると、細胞がびっくりして、逆におかしくなってしまう可能性が高まるからです。手近なサプリに頼るのではなく、日々の生活習慣や食生活をあらためることこそが、テロメアを伸ばす一番の近道といえそうです。

第4章　遺伝子健康法

●ヘルシーなワカメ、ロシアでは「海のゴミ」

「ミルクを飲むとなぜかお腹がゴロゴロする」というような人の話をよく耳にします。それは、日本人をはじめとするアジア人が持って生まれた遺伝子によるものかもしれません。

牛乳の主成分は乳糖（ラクトース）ですが、多くのアジア人では、大人になるとこの乳糖を分解する酵素がなくなってしまいます。このため、ミルクを飲むと下痢をしやすくなってしまうのです。一方、白人系の人たちは、この乳糖分解酵素を持ち続けているため、多くの場合牛乳を飲んだからといってお腹を壊すようなことはありません。

この、牛乳を飲んでも下痢しにくい人種の共通点を調べてみたところ、いずれも祖先が長い間遊牧していたことがわかりました。牛を飼って生活をしていましたから、おそらく牛乳を飲む機会も多かったでしょう。長年のうちに、人間の体内で「環境適応」が行われ、牛乳に含まれるたんぱく質と脂肪を効率よく体内に取り入れることのできる、いってみれば牛乳に強い遺伝子が発達していったのです。けれど、日本人をはじめとするアジア人は、農耕を中心とする生活を送り、長年牛乳とは縁のない暮らしだったため、この機能は発達しなかったと研究者は推測しています。遺伝子の変異が起こったのは、およそ７０００年前。北アフリカの遊牧民でも同じような変異が見つかっていることから、北アフリカを起源にヨーロッパを通じて急速に広まっていったと考えられています。

白人系の人でも、例外的に、南部イタリア人やユダヤ人ではお腹を壊す症状を起こしやすいことがわかっています。

一方、日本人はワカメやひじき、のりといった海藻類を多く取り入れ、それらから栄養分を吸収することができます。けれど、ロシアをはじめとするほかの国の人々は、この海藻類を体内で消化吸収する遺伝子がありません。そのため、海藻を食べると体調を崩したり、下痢を起こしたりしがちです。ロシアでは海藻を「海のゴミ」とさえ呼んでいます。中国人も同じく、海藻類を消化する腸内遺伝子を持ち合わせていません。中華料理には本来、海藻を使ったメニューはありません。「ワカメの中華サラダ」や「ワカメともやしの中華スープ」などのレシピは、近年の中国の和食ブームによるものです。

このように、遺伝子の変異により、人種によって身体が受け付ける食物、受け付けにくい食物があるのです。

●地中海ダイエットは地域限定

今、「地中海式料理」と遺伝子に関する研究が進んでいます。「地中海ダイエット」として、日本でも一時期話題になりましたね。食べるべきものの量に応じて、「フードピラミッド」があり、下から上に行くほど、食べる頻度を少なくする、というものです。野菜、果物、オリーブオイル、ナッツ、豆類、パン、パスタ、米、大麦、イモなどの穀物は毎日食べ、魚介、鶏《とり》肉、卵、菓子類は週単位で、豚肉、牛肉など鶏以外の肉は月単位で食べましょう、というものです。この地中海式料理を食べていると、「CTRA」という炎症に関する遺伝子が抑えられるというのです。人は加齢とともに慢性炎症が起きやすくなりますが、この炎症が大きいと寿命が短く、炎症が小さいと寿命が長いことがわかっています。

ところが、その後クラウディオ・フランチェスキー博士の調べにより、この遺伝子が働くのは、地中海沿岸の人たちだけであることがわかってきました。同じ食事をとっても、フランス人やイギリス人には効果がなかったのです。つまり、この地中海式料理は、地中海周辺の人たち限定の健康法というわけですね。

地中海沿岸に住んでいる人たちだからこそ地中海式料理が身体にいい。これは日本人にとっての和食に当たるのではないでしょうか。つまり、その土地ごとに合った食事をとる

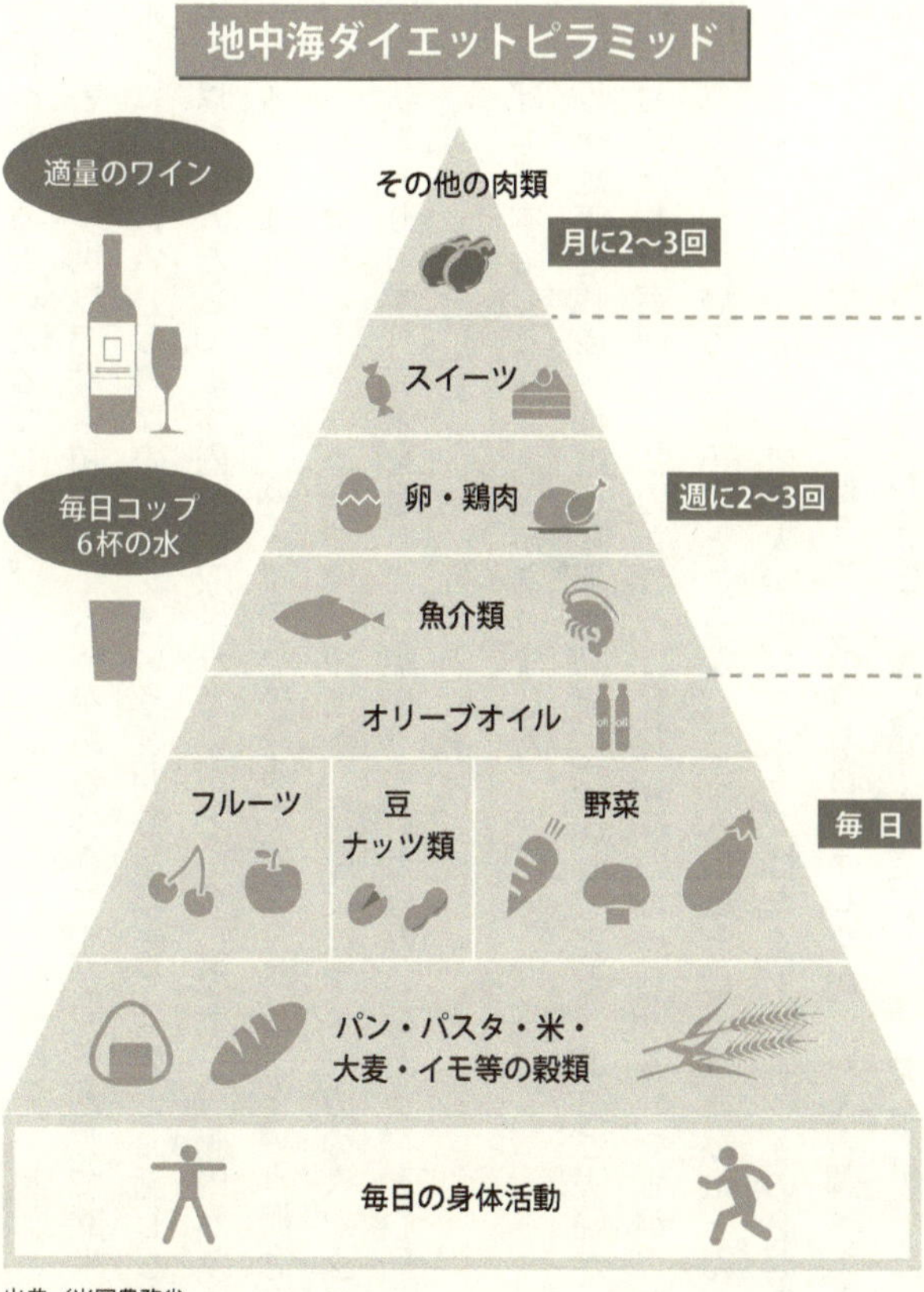
地中海ダイエットピラミッド
適量のワイン
毎日コップ
6杯の水
その他の肉類
月に2〜3回
スイーツ
卵・鶏肉
週に2〜3回
魚介類
オリーブオイル
フルーツ
豆
ナッツ類
野菜
毎 日
パン・パスタ・米・
大麦・イモ等の穀類
毎日の身体活動

出典／米国農務省

ことが健康につながるといえるでしょう。

そう考えると、今、世界では「和食ブーム」があるようですが、果たして欧米人が和食を食べて本当に健康にいいものなのか？　という疑問もあります。先にお話しした海藻などは、日本人以外の人たちでは体内で吸収されないことも多いですし、腸内バランスも含めて問題もあるでしょう。「その地域で昔から伝わるものを食べる」という概念から生まれたのが実は「マクロビオティック」です。ですが、実際にはアメリカの人が玄米を食べるといった現状もあります。玄米を食べてお腹を下すことはないのかな、と心配になりますね。

玄米といえば、日本でもこんなことがありました。

ご主人が職場を定年退職後、都内から那須《なす》高原に移住してきた、あるご夫婦がいらっしゃいました。おふたりは定期的に私のところに受診しにいらっしゃるのですが、奥さんのほうは毎回元気になっているご様子。ところが、ご主人のほうは会うたびにどんどんやせ細っていくのです。もとからそれほど太っているほうではなくダイエットの必要もない方だったので、「もしやすい臓ガンでは？」と検査も行いましたが、いくら調べても悪いところは見つかりません。「なにか変わったことはありませんか？」とたずねたところ、「いや、実は……毎日下痢をしています」というのです。聞けば、那須高原に移住してきてから、奥さんが食事にも気を遣うようになり、玄米を食べるようになったそうです。その結果、奥さんは元気に若返り、一方、もとから便通が悪くなかったご主人は、毎日のようにお腹を下すようになったとか。ただ、その原因が玄米によるものだとは思い至らず、「そういえばサラリーマン時代にもお酒を飲んだ次の日はお腹を壊していたし、最近は腸が弱くなったなあ」と考え、奥さんにもいわず、ずっと我慢してきたのだそうです。

同じような例を何家族も見てきました。そう考えると、巷《ちまた》で「いい」とされているものが誰に対してもいいというわけではないことがよくわかると思います。実際、玄米については統合医療学会でも問題になっています。先のご主人のように、人によっては合わない場合もあるので注意が必要です。

●長生きしたければ、なんでも食べなさい

長生きしたいと考える方、そして不健康になりがちな方には何が必要でしょう？

特に大事な栄養素として、「ビタミン」が挙げられます。ビタミンの定義は、先にもお話ししましたが、「それが欠乏すると病気になったり、死に至ったりする成分」です。ビ

タミンの中で、かつて「ご長寿成分」が含まれているのではないか？　といわれてきたのが「ビタミンB17」です。

イギリスの植民地時代の英国領インド（現在のパキスタン）に、「旧フンザ王国」があります。標高7000ｍの山々に囲まれたその村には、100歳以上のご長寿が多く住んでいます。長寿の理由を探ってみたところ、「アンズ」を多く食べていることがわかりました。このアンズにはビタミンB17が多く含まれていることから、このビタミンB17こそが「ご長寿ビタミン」ではないか、といわれていました。しかし、現在ではビタミンB17自体がビタミンの定義から外れるといわれ、「ビタミンB17＝ご長寿ビタミン」説については否定的な流れになっています。

最近、代わって注目を浴びているのが「ビタミンD」です。かつて、ビタミンDは骨を強くする「骨ビタミン」といわれてきましたが、現在では、抗加齢医学会などでも「ご長寿ビタミン」として認識されています。ビタミンDのように油に溶けやすい脂溶性ビタミンは、細胞の核まで浸透し、遺伝子レベルで作用することがわかっています。

このビタミンDが不足すると「くる病」になるといわれています。乳幼児の病気ですが、骨の成長障害や代謝障害が起こり、低身長、下肢の変形、ひどいO脚、骨が弱ってしまって軟骨になったり、筋緊張の低下、脊椎《せきつい》変形、胸郭変形などを起こしたりします。
主にアジアの発展途上国などで見られる病気ですが、先進国の中で唯一、日本で最近、このくる病がすごく増えています。これも「妊娠しても太りたくない。体重を増やしたくない」とカロリー摂取を控える妊婦さんが増えているからだろう、と早稲田大学の福岡秀興教授はおっしゃっています。成人女性でこのビタミンDが不足すると、骨粗しょう症などになります。

では、ビタミンをたくさんとるためには、何を食べればいいでしょうか？　実は「なんでも食べる」「たくさんの種類の食物をとる」のが、一番の方法だと考えられています。たとえば、ビタミンBは現在ビタミンB_{23}まで発見されていますが、まだまだ発見されていないものも多くあるでしょう。そういった「未知のビタミン」が食物の中にはたくさん含まれています。いろいろな食物を食べることで、まだ発見されていないビタミン類も自然と体内に取り入れることができるのです。

余談ですが、新種のビタミンを発見するのはなかなか難しいところがあります。というのも、欠乏すると病気になったり、死に至ったりすることを証明するのが難しいからです。
実験が難しいという側面もあります。なぜなら、ある成分がビタミン候補になったとき、そのビタミン候補が完全に欠乏した食事を用意したり、そのビタミン候補を完全に排除した環境をつくったりすることはなかなか困難だからです。そして、「このビタミン候補がないと生きられません」ということを証明する前に、「このビタミン候補がなくても生きられます」ということが証明されてしまうと、その時点でその候補は「ビタミン」にはなれないことが確定してしまうのです。

しかしながら、食物の中には、まだまだビタミンはあるだろう、ということだけはわかっています。そういった、人間がまだ知らない「未知のビタミン」を取り入れるためにも、さまざまな種類の食べ物を食べることが大切です。幸い、日本人は、ほかの民族が口にしないような海藻類、生魚なども積極的にとっています。食材の種類は実に1万2000種類以上といわれ、この数は断トツで世界一です。これが健康寿命世界一の要因のひとつになっているともいえるのではないでしょうか。

●漢方は誰にでも効くのか?

日本人は中国人がびっくりするくらい、漢方を信頼しきっているようです。以前上海《シャンハイ》に行った際、現地の人から「日本人はなぜあんなに漢方を信じるのだ?」と驚かれました。

けれど、中国由来の漢方は中国人を対象に考えられたもの。そして、これまでにもさんざんお話をしてきたように、日本人と中国人では腸内遺伝子からヒトゲノムの遺伝子まで、とにかくつくりが全然違います。中国人向けの漢方が日本人に合うとは限りません。実際、中国で買ってきた漢方を飲んだところ、突然激しい下痢に襲われて病院にかけ込んできた方がいらっしゃいました。

漢方には中国のものと韓国のものがあります。「宮廷女官チャングムの誓い」という韓流ドラマにはこんなシーンがありました。王様が病に倒れ、日に日に状態が悪くなってくる。その原因をチャングムが見抜いて、王様に進言し、王様の絶大なる信頼を勝ち得るというものです。韓国では昔から薬の原料として朝鮮人参を使ってきましたが、王様はそれにプラスして中国・明の薬を併用していた。そのことによる副作用が王様の体調不良の理由だったのです。中国の漢方と韓国のそれは異なるといういい例でもあります。中国の漢方では陰と陽、熱と寒、実と虚といったように、体調をふたつのどちらに当たるかで考えるのに対し、韓国の漢方は体格や体質によって処方が変わるようです。

同じ「漢方」といっても、中国と韓国とでまったく処方が異なります。そして、なによりいずれも日本人向けではありません。「漢方だから身体にいい」と妄信するのはちょっと危険です。

余談ですが、中国ではなぜか「日本」の漢方が流行《はや》っています。以前、上海に行ったところ、現地の医者から「ツムラの漢方、手に入らないか？」と言われました（笑）。日本の漢方はきちんと品質管理されていて原材料もわかっているから、中国人にとっても安心で安全に感じられるようです。

●免疫力を高めすぎると病気になる

最近ではさかんに「免疫力を高めましょう」などと言われていますが、免疫力は高めればいい、というものではありません。むしろ、免疫力が高すぎると発症する病気もあるのです。たとえば、リウマチなどの膠原《こうげん》病、自己免疫性肝炎などがそれです。東京都立小児総合医療センターの赤澤晃《あかさわあきら》先生によって、リウマチ遺伝子や膠原病遺伝子が多数発見されています。

免疫力を上げすぎると免疫が暴走しはじめ、自分の身体を「敵」と認識してまるで自傷行為のように体内に攻撃を仕掛けるのです。たとえば、人間の身体には関節を守る働きを持つ「滑膜《かつまく》」という膜があるのですが、この一部が分子レベルでは大腸菌と似ているため、免疫がこれを大腸菌だと誤認し退治しようと攻撃を仕掛けます。これがリウマチの原因です。

膠原病にはいろいろなタイプがあり、詳細が解明されていないことも多いのですが、おそらくリウマチと同じようなことが体内で起こっているのだろうと考えられています。たとえば、自分の皮膚を誤って攻撃してしまうタイプだと皮膚が荒れたり赤くむけたりする「皮膚筋炎」になります。

同じように自己免疫性肝炎の場合も、ウイルスもいないし、胆汁もたまっていないのに、なぜか黄疸《おうだん》の症状が起こっている。なぜだろう？　ということで、顕微鏡で調べてみると、肝臓の中のリンパ球が勝手に暴れ出していることがわかったりします。肝臓の分子に結合するような抗体が血液中に多数見られるのです。いってみれば、肝臓をターゲットにしたミサイルが次々と発射されているようなイメージです。

詳しい機序についてはまだわかっていないことも多いのですが、おそらく、次のようなことだと推測されます。

まず、わけのわからないリウマチ候補遺伝子や膠原病に関連する遺伝子の異常が、免疫細胞でいくつか発動します。そのことによって免疫システムがパニックに陥ります。その結果、暴走しはじめるというわけです。もし「この遺伝子を治せば病気が治る」というような特定の遺伝子があれば、その遺伝子をターゲットにしたり、その遺伝子がつくるたんぱく質をターゲットにしたりすることが可能になるでしょう。けれど、残念ながら「この病気にはこの遺伝子」とひとくくりに集約できないのが現状です。

また、病気によって、遺伝子レベルからアプローチできるものとそうでないものがあります。1999年、当時の小渕恵三《おぶちけいぞう》総理大臣のもと「ミレニアム・プロジェクト」なるものが発案され、その一環としていろいろな疾患に関連する遺伝子を見つけましょう、という動きがありました。その結果、ガン治療は比較的進歩を遂げたといえます。ガン抑制遺伝子が見つかり、遺伝子中のガン免疫のチェックポイントも発見されました。そのことにより、ガン免疫をうまく調整して、よりガンを見つけやすくなりました。

けれど、それ以外の、たとえば糖尿病やアレルギーといったものは、それから19年経った今でも、遺伝子レベルで解明され、それによる画期的な特効薬が開発された、という話は残念ながらあまり聞きません。

ちなみに、遺伝子ではありませんが、病気をやっつけるTNF－α（Tumor Necrosis Factor-α）という腫瘍壊死《しゆようえし》因子が見つかっています。もともとは、腫瘍を殺す因子、ガンをやっつける因子として見つかったものですが、その後の調べでこの因子がリウマチを引き起こす要因にもなっていることがわかりました。そこで、リウマチの特効薬として、このＴＮＦ－αを抑制する薬が開発されています。残念ながら、リウマチには遺伝子レベルではアプローチしきれていない、という現状があります。

●眠っている遺伝子は刺激で目覚める

遺伝子というのは、お父さんとお母さんのそれを掛け合わせたもので、どちらが表出するかはわからないところがありますが、いずれにしてもどちらか片方の遺伝子が働いているといわれています。言い換えれば、もう片方の遺伝子は眠っているというわけです。けれど、ある大きな刺激が与えられたとき、それが大きく変わったりすることがあります。

たとえば、これまでお父さん方の遺伝子が起きていて、お母さん方の遺伝子が眠っていたとします。それが、親や誰か大切な人が亡くなったとか、すごくショックな出来事が起こったり、急激な寒さや暑さを体感する寒冷刺激・暑熱刺激、空腹による飢餓刺激、乾燥刺激、毒物刺激など、何か強烈な刺激が与えられたりした場合、突然、これまで眠っていたお母さん方の遺伝子が目覚めることがあるのです。「あ、ヤバイ！」という状態に追い込まれたときに、もう一方の遺伝子が起きて働き出すというわけです。これは培養細胞レベルなどではよく見られる現象です。

これまでお酒が飲めなくて、少量で酔いつぶれていた人が、何回も同じことを繰り返すうちにいつの間にか飲めるようになってきた、という例があります。これなどは、「このままでは急性アルコール中毒になってしまう」と外的なシグナルが鳴り、受け継いだ両方の遺伝子がフル稼働しはじめて酵素誘導を起こすことによるものでしょう。

やる気もまったくなく、勉強もしないでだらだらしていた人が、父親の死に直面したとたん、まるでそのお父さんが乗り移ったかのように変貌《へんぼう》し、勉強をはじめたというような例も聞いています。

このように、通常は片方の遺伝子が起きていたら、片方は眠っていることが多いけれど、何かの折には双方の遺伝子が助け合う、というような仕組みになっているようです。ですから、今、能力が今ひとつだな、と落胆している方も、なにか驚くような出来事が起こったとたんに突然眠っていた遺伝子が起きて、新しい自分を発見することができるかもしれません。

●心臓病の予防にはホウレンソウを

高血圧に悩む人は多いと思います。実際、高血圧の患者数は世界中で10億人といわれています。日本だけ見ても、厚生労働省が３年ごとに実施している「患者調査」によれば、２０１４年の高血圧性疾患の総患者数は１０１０万８０００人で３年前にくらべて１０４万人ほど増加しています。

高血圧の基準は、病院や健診施設などで測定した血圧値が、収縮期血圧１４０㎜Hg以上または拡張期血圧90㎜Hg以上（１４０／90㎜Hg以上）の状態をいいます。自宅で測定する家庭血圧の場合には、それより低い収縮期血圧１３５㎜Hg以上または拡張期血圧85㎜Hg以上（１３５／85㎜Hg以上）が高血圧とされます。

ごく最近では、急激に血圧が上がる「血圧サージ」により血管が破裂する脳卒中も注目されています。血圧の異常がいろいろな病気に発展することが多いのです。

高血圧の原因としては、肥満やストレス、喫煙のほか、塩分の取りすぎなどが挙げられます。そして、この「塩分の取りすぎ」が高血圧を引き起こすのには、エピジェネティクスが関与しているのです。

東京大学医学部附属病院の藤田《ふじた》敏郎《としろう》教授のチームによって、塩分を過剰摂取することで交感神経が活性異常を起こし、それが「WNK4遺伝子」という塩分の排泄《はいせつ》にかかわる遺伝子の働きを抑制し、結果として血圧が上昇することが発見されました。

東日本大震災や熊本地震など、災害の起こった地域の方々は、大きな環境の変化により、高血圧遺伝子が凶暴化して高血圧で倒れる人が非常に増えました。その原因のひとつに、被災地などで配られる保存食があります。保存食は賞味期限を延ばす意味もあって、たいてい塩分が多く、それが遺伝子に変異を起こさせ、高血圧を悪化させたといえるでしょう。また、ストレスからお酒やタバコに走る人も多く、相乗効果となって血圧を上げることにつながります。

血圧を下げるのにも、エピジェネティクスがかかわっています。「高血圧／心臓病遺伝子」にカロチノイドなどの緑黄色野菜の成分を取り入れることで、エピジェネティックに遺伝子変化が起こり、血圧が低くなったり、心臓病が予防できたりするのです。

では、具体的にはどのような食物を食べるのがいいのでしょうか。

心臓病の予防でいえば、緑黄色野菜、中でもホウレンソウをおすすめします。文部科学省のコホート研究やスウェーデンのグループによれば、ホウレンソウに多く含まれる葉酸やルテインを多く摂取することが心臓病の予防になることがわかっています。アメリカの漫画に「ポパイ」というキャラクターがいますね。普段はなんとも頼りない船乗りのポパイですが、缶詰のホウレンソウを食べると筋肉ムキムキ、元気モリモリに。驚異的なパワーを得て、天敵の大男・ブルートをノックアウトしてしまいます。ポパイの元気のもとであるホウレンソウですが、実際にも心臓を元気にすることは間違っていなかったようです。

そのほかには、乳性飲料の「アミールS」などに含まれる「LTP（ラクトトリペプチド）」なども、血圧を下げるのには有効な成分だと考えられています。

このように、病気を発症させるのにも、病気を抑制したり予防したりするのにも、エピジェネティクスが関与しているのです。

●運動が身体にいい科学的な理由

古くから、適度な運動やエクササイズは健康にいい、といわれてきました。それが、科学的にも解明されようとしています。

運動による筋肉刺激で筋細胞から分泌される「マイオカイン」の一種（SPARC）が大腸ガンの抑制に作用していることがわかりました。マイオカインは「若返りホルモン」ともいわれ、主に太ももやふくらはぎなど下半身の筋肉から分泌されます。筋肉運動によってマイオカインが血液中に増えていき、大腸の病変箇所に直接作用して発ガンを防ぐのです。また、身体の代謝を高めることによっても、大腸ガンの発病を抑制できることもわかっています。余談ですが、これを発見した青井渉《あおいわたる》先生は、以前、私の京都の研究室にも在籍していたことがあります。とても優秀な研究者でした。

古来、ヒンズースクワットやヨガによる筋ストレッチが推奨されてきましたが、この効果が科学的にも証明された形です。ヨガによる血糖値降下作用は国際論文で発表されていますが、その効果の裏にもこのマイオカインがかかわっているといわれています。ここでも昔からの知恵と最新の科学の研究結果が一致したのです。

第5章　日本発・最新遺伝子事情

●日本の遺伝子解析は世界トップレベル

遺伝子解析の中心というと、なんとなく欧米を思い浮かべるかもしれませんが、なかなかどうして、日本は世界のトップレベルを突き進んでいるといえるでしょう。

たとえば、東北大学には「ＴｏＭＭｏ」（東北メディカル・メガバンク機構）という施設がありますが、ここは今世界中から注目を集めています。15万人のあらゆる臨床データとゲノム情報をあわせ持っており、バイオバンクとしての規模は世界一です。先日、東北大学の長神風二《ながみふうじ》教授、安田純《やすだじゅん》教授の案内のもと、この施設を訪問しましたが、あちらこちらに「世界一」が見られました。

全ゲノム解読ができる最新解析装置が実に10台以上。数十台並んだスーパーコンピューターの容量はペタバイト（ＰＢ）です。ペタバイトがどのくらいの容量かわかりますか？最近の高機能パソコンではだいたいギガバイト（ＧＢ）が搭載されています。その１０２４倍がテラバイト（ＴＢ）、さらにその１０２４倍がペタバイトです。つまり、ギガバイトの１００万倍以上。もうここまでくると想像できませんね。情報量としては「世界一」だそうです。

全ゲノム（30億塩基対）解読に３１００人成功しており、この情報量は日本人、アジア人としても「世界一」です。また、「ジャポニカアレイ」というシステムで15万人の日本人の遺伝子を解析し、遺伝や体質なども計測しています。これはイギリスのＵＫバイオバンクと並んで世界最大規模です。ＵＫバイオバンクでは、遺伝子情報を中心に集めていますが、ＴｏＭＭｏの場合には、それにプラスしてたんぱく質情報、臨床情報、臨床検体（代謝物解析）などの情報もすべて含んでおり、まさに世界一のバイオバンクといえるでしょう。

東日本大震災の復興に取り組むためにつくられたＴｏＭＭｏですが、このように世界規模の遺伝子研究施設として活躍しているのです。

●ゲノム医療とオーダーメイド医療

ゲノム医療とは、各人のゲノム情報（ＤＮＡに含まれる遺伝情報）を調べ、その結果をもとに、その人にとってもっとも効率的、かつ効果的にガンをはじめとする病気の診断や治療、予防を行うものです。２０１８年からはいよいよ国を挙げてこれを推進する動きが出てきました。

一度に１００種類以上の遺伝子変異を網羅的に調べられる装置を用い、どこに変異が起こっているかを調べます。そして、標準的治療（それぞれの臓器のガンに応じた一般的な治療）を行った後に、各人のガン細胞の遺伝子変異を調べて次の策を練ったり、標準的治療が施せない症例に対しては別の作戦を考えたりするプロジェクトがスタートするのです。

この方式を適用できる拠点病院をまずは日本全国に12カ所前後設置することが目標で、ゆくゆくは都道府県ごとに設置できるよう、環境を整えていくようです。

保険が適用されることで、患者さんの負担が軽減されるのは非常に大きな進歩でしょう。けれど、一方で手放しに喜んでばかりもいられない面もあります。というのも、これまでも似たような取り組みが保険外診療あるいは自由診療で行われてきましたが、劇的な、いってみれば夢のような恩恵がすべてのガン患者さんにもたらされてきたわけではないからです。実際、ガン患者さんのゲノム診療を行い、「この患者さんにはこの抗ガン剤が相応《ふさわ》しい」と判断できるのは、全体のわずか1、2割に過ぎません。残りの8、9割のガン患者さんに対しては、最適な抗ガン剤を特定できないという現状があります。

医療現場に携わる者の実感としては、ガンはやはり非常に手強《てごわ》いものです。たとえ遺伝子検査で相応しいと判断された抗ガン剤を用いても、往々にしてガンがまったく消えないこともあります。ましてや根治することは難しく、まだまだ課題も山積です。人間の強敵・ガンに対する戦略には、さらなる進歩や発展が必要でしょう。

私は「プレシジョンメディシン」や「オーダーメイド医療」の可能性について、２００0年からこれまでに、国内外で10報以上論文発表してきました。「プレシジョンメディシン」も「オーダーメイド医療」も、最先端の技術を用い、ヒトゲノム解読によるＤＮＡ配列の解読や各人によって異なる遺伝子の特定をしたうえで予防を行ったり、最適な薬のみを投与する治療を行ったりすることを目指します。昨今の技術の発達により、ＤＮＡチップや次世代シークエンサー／マイクロアレイを使用し、大量の情報を瞬時に取得できるようになりました。

その結果、各人の遺伝子が他人のそれとどのように異なるかを比較し、観測できるようにもなりました。これらのデータを利用することで、患者さんごとにベストな治療法や投与する薬をチョイスできるようになってきたのです。レストランでいえば、これまでお仕着せのコースしか選べなかったのが、各人の状況に応じてメニューを組み合わせることができるようになった、といえばわかりやすいでしょうか。

私が18年前に提唱しはじめたときには、まるで「机上の空論」のように思われていたこのオーダーメイド医療。ついに国が本腰を入れはじめ、現実化の兆しが見えてきました。

こんなにうれしいことはありません。未来医療に新しい世界を開く突破口として、今後、おおいに期待できるのではないでしょうか。

●ネアンデルタール人からのギフト

今売れている本に『ざんねんないきもの事典』があります。ついつい笑ってしまうような生物の思わぬ弱点や習性がたくさん載っています。それを読むと、進化とは必ずしも成功の歴史とはいえないものであることがわかります。

たとえば「サソリモドキ」という生き物がいます。見た目はサソリに似ていますが、同じように毒針を持っているかというと、さにあらず。酢酸、つまりお酢をぶっかけるのです。しかしお酢ですから、相手も全然怖がりません。まさに〝残念〟な武器を持っている生物です。このような残念な進化もあるのです。ほかにも、世界には進化の過程で失敗した生き物がたくさんいます。どうやら40億年の生命の歴史においては、いい方向にも悪い方向にも進化しながら生き残ったものが数多くいるようです。

そう考えると、人間、つまりホモ・サピエンスは、生き物の中では非常に恵まれているのではないでしょうか。たとえ、個体の能力や体力が多少負けていたとしても、努力次第でカバーできる。そして不可能を可能にできることが数多くあるからです。

たとえば、２０１６年に行われたリオデジャネイロオリンピックの男子４×１００mリレーで銀メダルに輝いた日本チームのように、個人では難しいことでもチーム一丸となることで世界に勝てる例もあります。２０１５年のラグビーワールドカップで強豪の南アフリカに勝った日本代表にも同じことがいえるでしょう。個々人の身体能力は圧倒的に負けていたとしても、頭脳プレーや連携プレーによって乗り越えられる。人間はやればできる！　というわけです。


これまでホモ・サピエンスは旧人類との交配は一切ない、といわれてきました。けれどここにきて、ホモ・サピエンスとネアンデルタール人は何度も交配を重ね、我々の全DNAの少なくとも３％はネアンデルタール人由来のものであることがわかっています。そして、先に話をした長宗我部氏の家訓「外から新しい血を入れれば、御家は栄える」にあるように、ネアンデルタール人の血が入ったことにより、ホモ・サピエンスは免疫力が強まり、生き延びる力を得たといわれています。

脳の発達からいえば、ネアンデルタール人のほうが圧倒的にホモ・サピエンスより勝っていたといいます。遺骨の発掘により、ネアンデルタール人の脳容量は、我々の祖先ホモ・サピエンスより大きく、知能がとても発達して賢かったことがわかっています。ですから、個人同士の戦いではまずホモ・サピエンスに勝ち目はなかったでしょう。しかし、ネアンデルタール人は今から2万8000年前に、ジブラルタルの洞窟《どうくつ》内に暮らしていた家族を最後に絶滅し、地上から消えてしまいました。その家族の周辺はホモ・サピエンスの集団が取り囲んでいたといいます。

母校の病理学教授で元学長の、F先生の講義の記憶が鮮明に残っています。遺跡に残されたネアンデルタール人を頭蓋《ずがい》骨解剖した結果、ネアンデルタール人とホモ・サピエンスには明らかに差があったそうです。右脳と左脳をつなぐ「脳梁《のうりょう》」という部分においては、ホモ・サピエンスのほうが発達していたというのです。これはどういうことでしょうか？　ホモ・サピエンスのほうが右脳と左脳の連携や協調がうまく働いたため、集団行動や協同作業に長《た》けていたと考えられます。つまり個人戦では負けたとしても、我々の祖先はチームプレーによってライバルに打ち勝ったのです。

日本、いえ我々自身にもこのことがおおいに当てはまるでしょう。ざんねんな生き物たちと違って、私たちは人間同士ではあまり差がありません。ですから、努力やチームプレー、頭脳プレーによって、結果は何とでもひっくり返せるというわけです。親の出来が悪いから、周囲にお手本となるようなすばらしい人がいないから、貧乏だから……これらはどうやらあまり理由にはならないようです。田中角栄《たなかかくえい》や豊臣秀吉も極貧の環境に育ちましたし、周りに際立ってすごい人がいたという話も聞きません。遺伝子がどうであれ、自分の努力や知恵、工夫によって、人間はどのようにでも成長、発展できるのではないでしょうか。

●加速する遺伝子ビジネス

最近では、遺伝子を利用したビジネスが次々とはじまっています。

簡単なものでは、遺伝子を網羅的に調べてヘルスチェックをする遺伝子解析サービスがあります。唾液《だえき》や口腔《こうくう》の粘膜から、ガンや糖尿病などの生活習慣病の発症リスクや肥満、肌質などの体質を調べるものです。ジーンクエストやジェネシスヘルスケア、ＤｅＮＡライフサイエンス、ＤＨＣ、Ｙａｈｏｏ！ヘルスケアなどの企業が次々と遺伝子解析キットを出しています。また２０１７年８月に、楽天はジェネシスヘルスケアに約14億円出資しました。

遺伝子解析の費用は、たいていは2万～5万円ほどですが、結果に合わせたダイエットメニューや筋トレメニュー、アドバイスなどの付加価値が加わると、その費用は10万～15万円ほどになります。

アメリカではさらに一歩進んで、遺伝子フード「Ｈａｂｉｔ」なるサービスがはじまっています。これは各人の遺伝子を解析し、それに合ったメニューとその食材をオーダーメイドで宅配するというものです。たとえば、肥満になりやすい遺伝子を持っている人にはカロリーを控えたメニューとその食材を、脂肪がたまりやすい遺伝子を持っている人には脂肪分を制限したメニューとその食材を個別に宅配するのです。日本でも、「らでぃっしゅぼーや」が似たようなサービスを行っています。遺伝子検査キットを使って3～6種類の肥満関連遺伝子（β３ＡＲ、ＵＣＰ－１、β２ＡＲ、ＧＩＰＲ、ＴＦＡＰ２Ｂ、ＦＴＯ遺伝子）を調べ、体質に合わせて「糖質・脂質の代謝が弱く、筋肉のつきにくいタイプ」「脂質の代謝が弱いタイプ」「筋肉がつきにくいタイプ」という3つのタイプ別の健康弁当を宅配するというものです。

ますます遺伝子と生活が切っても切れない関係になりつつあります。私は今度、自分をサンプルにいくつかのゲノム解析サービスを試してみる予定です。会社によってどれだけ違う結果が出るのか、それとも同じ結果が導き出されるのか、こうご期待です。

中国では、生まれてきた子どもの遺伝子を検査し、記憶力や運動能力、音楽や絵画などの芸術的才能をはじめ、五十数種類の能力を予測するそうです。とはいえ、これらの結果にはエピジェネティックな努力や後天的なものは含まれていませんから、多くの人が「遺伝子占い」程度にとらえているようです。

ほかには、世界的な大手企業がその情報通信ネットワークを駆使して、遺伝子による「相性診断」や「性格診断」をプロファイルし、ビジネス化しようと試みているといいます。ですが、いまだあまり大きな展開は期待できないようです。どうもあまり有益な事象が得られそうにないから、というのが本当のところではないでしょうか。私の大学でも調査研究を行っていますが、まだこれといった結果が出ていないのが現状です。

この遺伝子検査が一過性のブームに終わるのか、それとも定着して多くの人が利用するようになるのか、これから先が気になるところです。

●万能細胞と遺伝子

あらゆるものに効く細胞があったら……昔は夢物語のひとつだった「万能細胞」ですが、

いよいよそれに近いものが生まれつつあります。

2012年、山中伸弥《やまなかしんや》博士がiPS細胞を発見し、ノーベル医学生理学賞を受賞したのはまだ記憶に新しいところでしょう。山中博士は、いってみれば細胞に強制的に遺伝子を組み込むことで、万能細胞をつくり出すことに成功しました。

最新の科学では、そこからさらに一歩進んで、ヒト細胞やネズミの細胞に後天的にビタミンなどの栄養刺激を加えると、万能細胞に近い若返り細胞に生まれ変わる（リプログラミング）ことが判明しています。京都府立医科大学共同研究チームによる研究はまだ全面的には出せないのですが、皮膚に普通に存在する細胞に培養刺激で栄養をいろいろ変えると、若い細胞や遺伝子に生まれ変わることが確認されています。

栄養によって細胞は若返る。

それは、おそらく私たちの体内において普通に起こっていることなのでしょう。年齢の割に見た目も若く、体力的にお元気な方が多くいらっしゃいますが、知らず知らずのうちにいい栄養をしっかりと取り込み、細胞を元気に若返らせているのでしょう。口にする食べ物がいかに大切なものであるかがよくわかります。

●チンパンジーはエイズで死なない

チンパンジーは人間に近しい動物のひとつといえるでしょう。両者の種が分かれたのは、今から約600万～800万年前。実際、チンパンジーと人間の遺伝子の違いはわずか1・28％です（比較方法によって若干差異はありますが）。

そして、エイズウイルス（HIV）の感染ルートは、1930年頃のアフリカ中西部に生息したチンパンジーからであることがわかっています。そのチンパンジーは、HIVの原型で、シロエリマンガベイとオオハナジログエノンという2種類のサルのウイルスの混合から成る「サル免疫不全ウイルス」（SIV）に感染していました。

けれど、チンパンジーはエイズで死ぬことはありません。エイズによって、人間は死ぬ可能性があるけれど、チンパンジーは死なない。この違いは何でしょう？　どうやらその秘密は、遺伝子の差異1・28％の中に隠されているようです。この1・28％の違いを解明することができれば、エイズに効くワクチンができるかもしれません。実際、この違いについて調べている研究者の方々は数多くいます。

厚生労働省の発表によれば、2016年までにHIVに感染した日本人は約2万3000人、さらに感染に気づいていない人は推定で5800人いるとされています。この研究が成功すれば、多くの人に明るい道が開けることは明白です。

●シワと遺伝子

ちょっと鏡で「目頭」を見てみてください。上まぶたが目頭をおおうように、シワのような線が入っているのがわかりますか。これを「蒙古《もうこ》襞《ひだ》」といいますが、実はアジア人に特有のものです。モンゴロイド（黄色人種）のみに見られ、黒人や白人にはありません。寒さから目を守るためにこの襞ができたそうです。学生時代に解剖学の講義でこの話を聞いたとき、「顔のシワにも遺伝的な特徴があらわれるのか」とおおいに驚き、興奮したことを覚えています。

最近は美容整形などの領域でこの蒙古襞を除去する目頭切開手術が流行《はや》っているといいます。この襞があると目が小さく見えたり、目が離れて見えたりするからだとか。実際、この蒙古襞を取ると欧米人に似た顔つきになるようです。目がぱっちりして見え、ちょっとエキゾチックな西洋人といった顔立ちに変わるといいます。

「シワ」つながりで話を進めると、「手相」も手のシワでしょう。手相学は、古代インドや中国、エジプトなどで５０００年以上にわたって得た膨大な知識と経験に基づき、「こういう手のシワがあるとこういう運命を歩む」と予想したものといえます。手のシワに蒙古襞の「顔のシワ」同様に遺伝的な要素があるとしたら、手相はまさにその人の持つ「遺伝情報の縮図」といえるかもしれません。

たとえば、手のひらの中央にはタテに伸びるシワ「運命線」があります。これがまっすぐに長く伸びている人は強運の持ち主とされています。実際、松下幸之助《まつしたこうのすけ》さんや田中角栄氏、江崎グリコ創業者の江崎利一《えざきりいち》さんの運命線は長くまっすぐ伸びていたそうです。天下統一を成し遂げた豊臣秀吉は、自分の運命線に飽き足らず、なんと自ら刀で彫って、中指の先まで長く引き伸ばしたというのです。その線のおかげなのかどうか、秀吉は日本史上稀《まれ》なる大出世をはたしました。

しかし、遺伝同様、手相で運命が決まってしまうのかというと、もちろんそんなことはありません。

遺伝子もエピジェネティクスによって変化を遂げるように、シワも年齢や経験によってどんどん変化していきます。まさにエピゲノムワールドの縮図がこの「シワ」といえるかもしれません。

●透析遺伝子から見つかった「余命遺伝子」

腎《じん》不全を起こした人の治療法に「透析」があります。

腎臓は血液中の老廃物をろ過して尿をつくり、体外に排出させる役割をします。ところが腎臓の機能が弱ると、老廃物が代謝しきれず体内に溜《た》まり、ひどくなると尿毒症を引き起こします。そういったことを避けるために腎臓の代わりに人工的に血液をろ過するのが透析です。日本における透析患者は増加の一途をたどっていて、２０１５年時点で患者数は約32万人、２兆円産業ともいわれています。

２０１３年に「透析関連遺伝子」が見つかりました。そして、患者の透析回路をめぐっている血液中の遺伝子を調べることによって、「あとどのくらい生きられるか」がわかる「長生き（余命）遺伝子」が発見されました。これらの遺伝子は炎症関係を含め、多岐に渡っていると考えられています。おそらく、透析予後の悪い方は、腎臓の解毒システムがうまく働いていないために血液中に毒素が充満しているのでしょう。それらの毒素に暴露された細胞が「ＳＯＳ（助けて）遺伝子」を発現している可能性があるのです。

この発見は、「この患者はこのままの治療でよいのか？」を判断できる恰好《かっこう》の材料になるでしょう。また、自らの遺伝子を知ったうえで、自身に適切な医療を選択する「オーダーメイド医療」の実現にもつながるはずです。

腎臓についていえば、腎臓の寿命とアンチエイジングとの関連を調べる研究が現在進められています。そして末期の腎不全患者には、免疫細胞の中に活性酸素を消去する「ＳＯＤ２」というアンチエイジング関連遺伝子があることがわかっています。腎臓が悪くなるにしたがい、このアンチエイジング遺伝子とたんぱく質の動きにも変化が見られるようなのです。

一見地味な臓器にも見える腎臓ですが、遺伝子レベルでは少しずつ解明が進み、最近では寿命の長さを左右する「隠れキャラ」として注目を浴びつつあります。

●ゲノム解析による大発見

日本の各所ではヒトの全ゲノム解読を行っています。先にご紹介した東北大学のＴｏＭＭｏのほか、東京大学でも行われています。

東大では、全ゲノム解読を行ったあと、ＩＢＭの開発した人工知能（ＡＩ）ワトソン君に掛け合わせて、その人に合った診断や最先端の治療を目指しているといいます。症例数が30人とまだ少ないのですが、その中でこれまでの医療ではわからなかったことが発見されました。

「ビリルビン」という黄疸《おうだん》の数値があります。通常の人はだいたい1㎎／dℓ程度。1・8㎎／dℓ以上が異常値となります。この数値が10㎎／dℓになると、顔はまっ黄色に。肝臓ガンや胆管ガンで肝臓はボロボロ、という状態です。

日本人の中には数値が2㎎／dℓ程度の「ちょっと黄疸」状態の人が意外と多いことがわかっています。見た目もまったく変わらず、自覚症状も特にない。ただ、微妙に黄疸の数値が高いだけなのです。しかも、栃木県北部ではその数が多く、京都中心部では少ないというのが私の印象です。どうも地域や集落による差があるようなのです。「なぜそうなのか？」といった理由はまったくわからず、「なぜこのような人が多いのかな？」と不思議に思うばかりでした。先日、ＴｏＭＭｏの安田純教授と話をしたところ、安田教授も同じことを感じていたようで、「面白い」とおっしゃっていました。

これまでは理由がわからなかったものですから、患者さんに対する説明も「ちょっと黄疸の数値が高いけれど、まあ大丈夫でしょう」と伝えるだけで終わっていました。きっと患者さんの中には、明確な理由がないことから不安を覚えたり、いぶかしく思ったりした方もいらしたでしょう。

ところが、網羅的に全ゲノム解読を行い、日頃のカルテと比べたところ、ビリルビンの数値が微妙に高い人において、東京大学医科学研究所の古川洋一《ふるかわよういち》教授は「グルクロン酸抱合」というビリルビンをつくる遺伝子が少し壊れていることを見出《みいだ》しました。その活性酵素が弱いため、ビリルビンが排泄《はいせつ》できず、結果としてビリルビンが体内に溜まって数値を引き上げていたのです。

きちんとエビデンスが出たことで、「お酒に弱いのと一緒で、黄疸の数値が少し高いのは単に体質的なものです。酵素が弱いだけなので心配ありません」とその理由をはっきりと患者さんに伝えることができるようになりました。

このように、全ゲノム解析の分析が進むことによって、これまでなんとなく見逃してきた現象にも、原因という「光」が当たりつつあります。

おわりに　日本人と医療と遺伝子と

ここまでお読みいただき、ありがとうございます。

日本人に関係のある遺伝子やその周辺の環境について、最新の情報を織り込みながらお話ししてきましたが、おわかりいただけたでしょうか。

最後に日本人が幸せに生きていくためにはどうしたらいいかについてお話ししたいと思います。

遺伝子的には、日本人は非常に太りやすく、ガンにもかかりやすい体質を持っています。にもかかわらず、日本人は世界トップクラスの寿命を誇り、寿命は年々延びる傾向にあります。これがなぜかといえば、やはり「日本」という独特の環境によるものが大きいのではないでしょうか。

日本は山や海がどこからもほど近く、どこへでも気軽に歩いていける国です。また、坂道などの起伏も多いので、少し散歩をするだけでちょっとしたエクササイズにもなります。山登りや海水浴もすぐにできますし、温泉で身体を温めることも可能です。

そして、海や山からの「幸」も豊富です。新鮮な生魚や山菜、生野菜も多く食べられます。また、春夏秋冬に応じて四季折々の食べ物を口にすることができます。その食生活の豊富さは世界に類を見ないのではないでしょうか。

街を見渡すと、和食だけでも、とんかつ、天ぷら、寿司《すし》、そば、うどん、お好み焼き、焼き鳥、鍋《なべ》……と実にさまざまな飲食店が軒を連ねます。それだけでなく、フランス料理、中華料理、韓国料理、インド料理、タイ料理、ハンバーガー、焼肉、ピザなど、日本にいながらにして、それこそ世界中の料理を堪能《たんのう》できます。私も国際会議などで世界中を旅する機会がありますが、日本の食材の豊かさ、食の豊富さをあらためて感じるとともに、すぐに日本での食事が恋しくなります。

このように、私たち日本人はすべてにおいて絶好のすばらしい環境に暮らしているのです。これらはどれも遺伝子にとっていい影響を与えることばかりです。この日本の恵みを有効活用しない手はありません。

これからの時代は、自分の持つ遺伝子の特性を知り、それを上手に生かしていく方法を考えていくことが大切です。これこそが健康で楽しく、ハッピーに暮らしていくために必要なことになると思います。

最後になりましたが、この本をつくるにあたってお世話になりましたアップルシード・エージェンシーの鬼塚《おにつか》忠《ただし》さん、原田《はらだ》明《あきら》さん、ＫＡＤＯＫＡＷＡの亀井《かめい》史夫《ふみお》さん、ライターの柴田《しばた》恵理《えり》さん、ありがとうございました。また、お忙しい中、直接ご指導くださいました服部正平先生、福岡《ふくおか》秀興《ひでおき》先生、古川《ふるかわ》洋一《よういち》先生、根本《ねもと》靖久《やすひさ》先生、安田《やすだ》純《じゅん》先生、長神《ながみ》風二《ふうじ》先生、油谷浩幸先生には深く御礼申し上げます。そしてなによりこの本を手に取り読んでくださった読者の皆様に、心から感謝いたします。

本書によって、日本人と遺伝子に関する興味を少しでも深めていただけたなら、こんなにうれしいことはありません。

一石英一郎

参考文献

『遺伝子は、変えられる。』シャロン・モアレム著、ダイヤモンド社
『ＣＲＩＳＰＲ（クリスパー）』ジェニファー・ダウドナ著、文藝春秋
『ゲノムが語る人類全史』アダム・ラザフォード著、文藝春秋
『世界神話学入門』後藤明著、講談社現代新書
『エピジェネティクス』仲野徹著、岩波新書
『大和民族はユダヤ人だった』ヨセフ・アイデルバーグ著、たまの新書

著者エージェント／アップルシード・エージェンシー
（www.appleseed.co.jp）
構成／柴田恵理

一石英一郎（いちいし・えいいちろう）
1965年生まれ。兵庫県出身。医学博士。国際医療福祉大学病院内科学教授。京都府立医科大学卒業、同大学大学院医学研究科内科学専攻修了。DNAチップ技術を世界でほぼ初めて臨床医学に応用し、論文を発表。人工透析患者の血液の遺伝子レベルでの評価法を開発し、国際特許を取得。日本内科学会の指導医として医療現場の最前線を牽引するいっぽう、統合医療研究や医工学研究、最新遺伝学にも造詣が深い。

日本人《にほんじん》の遺伝子《いでんし》

ヒトゲノム計画《けいかく》からエピジェネティクスまで

一石英一郎《いちいしえいいちろう》

2018年 3月 10日　初版発行
2025年 7月 5日　7版発行

◆◇◇

発行者　山下直久
発　行　株式会社KADOKAWA
〒102-8177　東京都千代田区富士見2-13-3
電話　0570-002-301(ナビダイヤル)

装 丁 者　緒方修一（ラーフイン・ワークショップ）
ロゴデザイン　good design company
オビデザイン　Zapp!　白金正之
印 刷 所　株式会社KADOKAWA
製 本 所　株式会社KADOKAWA

角川新書

ISBN978-4-04-082202-0 C0295